数字信息化技术应用

唐彦 著

东北大学出版社
·沈 阳·

ⓒ 唐 彦 2023

图书在版编目（CIP）数据

数字信息化技术应用 / 唐彦著. — 沈阳：东北大
学出版社，2023.12
ISBN 978-7-5517-3488-2

Ⅰ．①数… Ⅱ.①唐… Ⅲ.①数字技术　Ⅳ.①TP3

中国国家版本馆CIP数据核字（2024）第017238号

出 版 者：东北大学出版社
地址：沈阳市和平区文化路三号巷11号
邮编：110819
电话：024-83683655（总编室）
024-83687331（营销部）
网址：http://press.neu.edu.cn
印 刷 者：沈阳市第二市政建设工程公司印刷厂
发 行 者：东北大学出版社
幅面尺寸：170 mm × 240 mm
印　　张：9.25
字　　数：164千字
出版时间：2023 年 12 月第 1 版
印刷时间：2024 年 1 月第 1 次印刷
策划编辑：周文婷
责任编辑：杨　坤
责任校对：罗　鑫
责任出版：初　茗

ISBN 978-7-5517-3488-2　　　　　　定　价：60.00元

前　言

在人类历史的浩渺长河中，每一个时代都有其标志性的进步与发展。如今，我们正身处在一个信息爆炸的时代，信息化浪潮正以前所未有的速度席卷全球，深刻地改变着社会的生产方式、经济结构以及人们的日常生活。信息化，这一人类进程中的伟大产物，不仅作为生产力的工具，推动着社会生产力的飞速发展，而且在经济、社会等多个层面发挥着举足轻重的作用。

从生产的角度来看，信息化是提升生产效率、优化生产流程的重要工具。它使得数据、信息能够更快速、更准确地被收集、处理和应用，极大地提高了生产的智能化和自动化水平。从经济的角度来看，信息化是有效信息的整合开发及应用，是创造和获取经济价值的重要手段。它通过信息的高效流通和资源的优化配置，为经济发展注入了新的活力。

而从社会的角度来看，信息化更是社会结构平衡器，是社会阶层流动要素加速转化的工具。它打破了传统社会的信息壁垒，促进了知识的分享和技能的提升，使得更多人有机会通过自身的努力改变命运，实现社会阶层的流动。信息化的发展，不仅有助于扩大中产阶级结构占比，更能够促进整个社会财富由垄断向下级阶层流动，形成更为稳定和谐的社会结构。

当前，新信息化和数字经济已成为国家战略的重要组成部分，它们不仅为数字社会的构建提供了底层基础，更促进了数字经济的蓬勃发展和数字社会的全面构建。数字经济的发展，离不开政府的主导和企业的参与，它通过一二三产业的深度融合，实现了城市的智慧化运营，进一步推动了社会整合与经济发展。

在这样的时代背景下，本书应运而生。本书共分为两篇，第一篇详细介绍了数字技术在国家基础设施建设中的应用，展现了数字技术如何助力国家基础设施的现代化和智能化；第二篇则聚焦于信息化技术在生活中不同领域的应用，通过丰富的案例和生动的叙述，让读者更深刻地理解科技如何改变我们的生活。

然而，由于时间仓促，本书在撰写过程中难免存在不足之处。著者深知，科技的发展和社会的进步永无止境，信息化和数字经济的探索之路也永不停歇。因此，著者恳请广大读者在阅读本书时，能够提出宝贵的意见和建议，共同推动信息化和数字经济的深入发展。

希望通过本书，能够激发读者对信息化和数字经济的兴趣和热情，让更多的人了解并参与到这一伟大的时代进程中来，共同创造更加美好的未来。

著 者

2023年5月

目 录

第一篇　数字技术应用

第一章 信息通信技术

第一节 光分组传送技术

多媒体业务需求是网络发展及演进的原动力，多媒体与移动通信的结合，促使适应移动多媒体的新型网络技术成为业务发展的必需。移动多媒体业务推动了移动宽带业务的发展，业界专家大多认为，IP化将成为新型网络技术的发展趋势，移动分组传送网络应运而生，分组传送由此引入了光传送接入网络，促进无线侧IP化，这就是PTN（即分组传送网）。PTN是基于分组交换技术，满足运营商OAM（运行维护管理）功能、保护等需求的下一代光传送网。经过业界反复争论，在MPLS（多协议标记交换）、MPLS-TP（多协议标记交换传送协议）及PBB-TE（运营商骨干桥接流量工程）这三种实现技术中，逐步趋向于MPLS-TP，在中国已实现相关产业链集中化，事实上将PTN与MPLS-TP画上了等号。

一、MPLS-TP

MPLS-TP是光通信领域和数据分组领域的结晶产物，在技术整体框架上，引入了分层概念，分为S层（段层）、LSP层（标记交换通道层）和PW层（伪线层），有效对MPLS和PWE3进行了兼容和扩展，如图1.1所示。

MPLS-TP的信息业务传送及承载为PWE3，通过PW封装促使MPLS-TP及

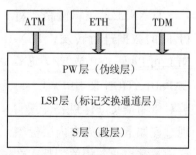

图1.1 MPLS-TP分层结构

MPLS互通，同时应用了OAM运维及管理的丰富功能，有力支撑了电信级网

络保护功能。MPLS-TP应用了MPLS标记交换路由选择方法。QoS（服务质量）应用了MPLS的服务分级及TE（工程流量）实现面向业务的端到端QoS。保护倒换应用了硬件保护机制，每3.3 ms插入OAM检测帧，10 ms完成连续性的检测，50 ms内即可保护倒换，提升了业务整体性保障效率。

二、PWE3

PWE3封装适配帧中继、ATM（异步转移模式）、以太网、低速TDM（时分复用）电路业务，本质上是二层传送技术，在分组交换网络中进行传送。

PWE3的基本传输构件包括AC（接入单元）、PW（伪线）、FORWARD-ER（转换器）、TUNNEL（通道）、ENCAPSULATION（封装）、SIGNALING（信令）。

在PDS（分组数据交换）中，CE（客户边缘）等同于基站，PE（节点边缘）等同于PTN。AC是CE-PE的连接实或虚链路。实链路指的是业务实体端口，而虚链路则指业务虚拟符号，如VLAN和VC/VP。PW是PE-PE的业务通道，对信息业务进行伪线封装/解封装，实现PW的PW-ID分配和交换，并对PW边界的信令、定时及相关业务信息、告警事件等进行管理。FORWARDER是PW转发表，转发过程就是在转发表根据PW-ID查找关系，并标记TUNNEL标签。无论是单段还是多段PW，都可以认为类似二层MAC的转发过程。

三、TUNNEL

TUNNEL是逻辑链路，对PE间的数据进行转发，TUN-NEL可以是LSP或TE。EN-CAPSULATION使用PWE3封装对传输报文进行封装，其实现过程如下：首先在内层标签标记与客户业务相关，其次在LSP外层标签标记与路径相关。如图1.2所示。

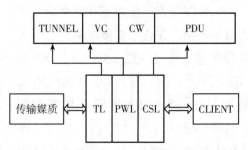

注：TL，SP层；PWL，伪线层；CSL，仿真服务层。

图1.2 PW仿真过程

SIGNALING 是 PW 实体间的创建和维护，信令有两种，分别为 LDP（链路数据协议）和 RSVP（资源预留）。

四、OAM

MPLS-TP 的特殊内容是 OAM，OAM 是光传送领域的特征，传送网的网管功能强大得益于此，这对于数据领域来讲，是对自身运行维护功能极大的补充及完善。在 MPLS-TP 的分层结构中，每层都具备相应的 OAM 功能，既能满足传送需求，又能与 MPLS 兼容，提供最小的功能集，简化而极富效率。如图 1.3 所示。

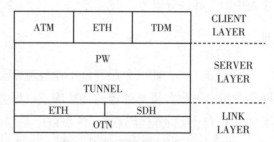

图 1.3　分组数据传送 OAM 结构

在实际应用中，MPLS-TP 的 OAM 功能分为以下三点。

（1）告警事件功能。通过周期性报文检测连接，上报信号丢失、错误及维护体异常等告警；AIS 压制，上层告警压制下层告警，提高故障判断效率；RDI（远端接收失效），实现故障的对告，本端因单向故障在远端上报，实现故障的准确处理；设置数据平面的环回及测试功能，实现在线及离线的分析判断，是维护的有力工具。

（2）性能事件功能。流量监控；单、双端丢包率的 LM 测试；单、双程的延时及延时变化的 DM 测试。

（3）辅助功能。APS、管理平面的通信、控制平面的通信、SSM（同步状态信息）、实验功能、设备厂商的特定功能。

五、QoS

QoS 就是区分服务，保证用户在带宽、丢包率、时延方面获得承诺的服务水平。MPLS-TP能提供QoS。MPLS-TP中的端到端QoS依靠MPLS-TE和MPLS区分服务两种机制实现。在功能上，可提供流量整形、带宽保证和速率限制等功能。

在具体的网络资源可控上，为实现网络资源高效应用，提升比特收益，IETF（国际互联网工程任务组）对MPLS-TP的定义中，进一步定义了资源可控的手段，通过TE对网络资源可控，使MPLS-TE成为唯一的选择。TE的可控方式有两种：业务路由可控及业务带宽可控。其中，业务路由可控是指通过网管或控制平面对路由进行指定；业务带宽可控是指对恒定速率业务和可变速率业务通过CIR（承诺带宽）和EIR（额外带宽）对带宽进行控制，保障对用户的承诺速率，网络拥塞时对额外速率进行丢弃，从而保障网络正常运行。QoS包含集中服务和区分服务。

（一）集中服务

集中服务是小业务流的QoS，而区分服务是小业务流聚合后的大业务流QoS，使得大型网络中的QoS服务更具弹性。在边缘点，区分服务对接入流进行分类，并标记DSCP（区分服务代码点），核心路由器根据DSCP值，通过PHB（逐跳行为）实施每一类包调度行为。PHB是流量保证，IETF定义PHB有两种类型：EF和AF。EF对应固定速率业务，其遵循RFC2346标准对包加速转发，此时只保证CIR值，EIR的参数值为0，即只保证承诺带宽，丢弃额外带宽的流量。AF对应可变速率业务，遵循RFC2597标准保证转发，提供4个级别的数据包转发功能，每个级别中可以设置3个丢弃优先级。带宽不拥塞时，各AF级别值相同；发生带宽拥塞时，就根据业务优先级开展丢包。

（二）区分服务

集中服务的对立面就是区分服务，区分服务是遵循RFC3270标准，建立在MPLS基础之上，IP包进行MPLS封装，启用区分服务BA（行为集合）与LSP映射，明晰BA上的PHB实施LSP上的流量转发，BA与LSP的映射方式有两种：E-LSP（实验推断LSP）和L-LSP（标记推断LSP）。E-LSP是指多对一的BA与LSP映射，利用MPLS中的EXP（实验）字节进行一个包的PHB标记，其最大支持8个BA映射到EXP字段中，即一条LSP支持8个业务等级。L-LSP是指一对一的BA与LSP映射，EXP字节只能进行一个业务等级的丢弃。目前，业界采用的是 E-LSP，主要原因是在 MPLS 网络中，PHB 与 LSP 的映射增加了路由器每一条交换标签的处理难度，E-LSP 可以预先确定每类包的 PHB 与 EXP 字节的映射关系，因此，相对 L-LSP 而言，其交换效能得到很大的提高。

E-LSP 用法如表 1.1 所示。

表 1.1　业务类型的 QoS 指示

业务等级	PW 带宽属性	EXP	PHB	业务类型
0	无 CIR	000	DF	普通数据业务
1	CIR≠PRI（带宽峰值）	001	AF	一般 VPN 专线
2	CIR=PRI	011	EF	实时要求高的专线业务
3	CIR=PRI	100	EF	重要系统级信息业务

精准时钟传送是 IP 化网络传送的难题，IP 网络固有延时特性困扰着业界，类似 1588V2 时钟解决方案较好地实现了分组化网络传送精确时钟的问题，时间同步测试方案及具体测试如表 1.2 所示。

表 1.2　1588V2 性能测试

测试类别	测试项	规范标准	实测值	结论
基站长时间同步精度性能	带内 1588V2 长期性能，7×24 h	≤±1000 ns	−76.8～5.4 ns	OK
时钟源切换后的时间性能	GPS 输入源倒换对时间同步设备时钟的影响	≤240 ns	−0.5～89.5 ns	OK
业务倒换后的时间性能	各种组网方式下时间同步设备倒换对基站时钟的影响	≤240 ns	20.3 ns/汇聚倒换 28.7 ns/接入倒换 39.1 ns/汇聚恢复 35.6 ns/接入恢复	OK
GPS 切换到 1588 的性能	基站 GPS 与地面时间倒换性能测试	≤1000 ns	−9～231.6 ns	OK
跨区域的 1588 通话质量	不同区域间定时发起一定数量的呼叫，测试跨域通话质量	与 GPS 方式的性能相当	接通率 100%，话音质量清晰	OK

1588V2 方案原理如下：应用时间信息编码、网络对称性及延时测量技术，实现主从时钟的同步。作为时钟同步基础，利用时间分析仪等设备中的辅助功能对延时测量，提升了链路对称及计数频率的准确性。1588V2 中定义了三种时钟模式：OC（普通时钟）、BC（边界时钟）和 TC（透传时钟）。

OC 是指终端作为一个时钟接口，只能做主或从。BC 是指中间节点有多个时钟接口，一个时钟接口做从，时钟同步于上一节点，其余接口做主，逐级实现时钟的传递。TC 类似于 BC，也是网络中间节点时钟，分两种方式：E2E（终点—终点）和 P2P（相邻传递）。综上，从目前同步网的工作方式来看，BC 模式应为时钟模式的首选。

六、小 结

光分组传送技术既要有前瞻性，又要后向兼容。传送分组网对 5G 及 L3 业务回传承载是有较大需求的，目前业界对传送网业务承载的部署方案趋向于类似有线宽带网的技术方案，接入层设备采用 L2 技术，核心层设备采用 L3 技术，分层使用不同技术，端到端二层标签简单规划，在核心层开展 IP 动态分布，有利于网络的互联及高效传输。

移动多媒体业务是新型光传送网络发展的驱动者，其推动了面向移动多媒体业务的光传送分组网技术飞跃式进步。PTN 网络演进是国产基础性网络技术发展的一个里程碑事件，使光传送领域适应业务领域的观点已得到业界的事实呈现，是 4G/5G 基站移动多媒体业务承载的最佳选择之一。

第二节　高速传送技术

高速传送技术以波分技术为代表，目前已经迈入 400G 时代（800G 及以上已在商用筹备中）。这里对当前普及应用的 100G 波分传送技术进行解析及论述。100G 波分传送技术具有里程碑的意义，其能够在不增加带宽的情况下，通过改变信号的相位结构来提高频谱效率或实现某些特定的信号处理功能；其与更高速率的传送技术相比，在原理上是一致的，只是在编码及物理量上的叠加不同而已。

未来网络应是全光的网络，其传送速率应是 T 级的。迈向 T 级的前进道路中，100G 传送速率是相当重要的一环。目前 100G 传送技术的研制日趋成熟，商用化的进程在不断加快，我国已建成大规模的商业网，100G 传送技术也已被通信行业认可，已加快步伐迈向 T 级传送光网。对 100G 技术的产生及其关键实现技术进行深入的理论解析，有助于人们对光传送概念的理解，指导通信行业向更高速率的网络演进。

一、100G光网发展的原因

光网络发展阶段预想是从10G光传送系统演进至40G光传送系统，但从目前的光网演进态势看来，40G光网这个阶段将成为光网发展的过渡阶段，10G光传送系统直接向100G光传送系统演进是实际的网络发展阶段。是什么因素促使100G光网时代提前来临呢？综合各方面的情况进行分析，主要原因有以下五点。

（1）数据流量的激增促使传送网络容量的需求高速增长。面向数据业务发展，IEEE 803协议对40G/100G的应用场景做了标准化的界定。100G技术将应用于路由器组成的核心层，40G技术将应用于计算机和应用服务器组成的二层局域网络层。100G光传送技术正是在此种标准化应用场景需求下同步产生的。

（2）标准化的快速形成。IEEE（电气电子工程师学会）在制定标准计划时，将40G和100G标准化工作安排在了同一日程上，从而促使100G光传送技术的提前到来。

（3）商业化的概念炒作，推动了100G光传送技术的发展。从某种意义上讲，100G是商业化概念炒作的结果，目的在于100G产品市场的蓝海商业化价值。与以往光传送技术炒作在操作层面上有所不同，这次100G概念炒作不是系统运营商的独立炒作，而是电信运营商和系统运营商买卖双方罕见默契达成一致的共同炒作。在北美，电信巨头大力推动100G光网发展，在此背景下，系统运营商频频快速发布自己的100G产品模块，抢占100G市场的发展先机。

（4）100G成本不断下降，促使100G光网的商用化进程不断加快。业界认为，光网的演进应该是平滑演进，也就是说，在网络结构不变和保护已有线路建设投资的前提下，只是在设备侧进行收发模块的更换以实现100G光网的敷设。100G产品模块的成本是100G光网商用最大的制约因素，100G技术大规模商用的成本临界线是1个100G产品模块价格等同于8个10G产品模块价格之和。

（5）与40G技术相比，100G技术有天然的技术优势。40G光传送技术存在重大缺陷，器件性能已趋于性能临界值，色散容忍度小，40G光网稳定性相比100G光网稳定性较差。100G技术采用PMD（偏振模复用）技术和

QPSK（正交相移键控）技术，以低于40G波特率传送100G信息的方式实现了等同100G速率的传送，并且相位调制使色散容忍度得到极大的拓展，光网稳定性相对40G光网得到了极大的提升。

OIF（光互联论坛）举行关于100G光传送技术的传输协议专项探讨会议，会议上提出要实现100G光传送技术，需要更高级的光学信号调制格式、超高速的模数转化和超高速的数字信号处理技术。其中，有两项技术受到广泛关注：一是基于相干接收的PDM-QPSK（偏振模复用正交相移键控调制技术）；二是FEC（前向纠错算法）的改进用法。在这两项技术中，基于相干接收的PDM-QPSK是实现100G光传送技术的关键。

二、FEC技术

FEC技术属于超高速的数字信号处理技术的应用，对电信号进行再整形和噪声滤除，降低信号在传送过程中的损伤，相对于对光信号的补偿损伤，具有很高的使用价值。正因如此，涉及光信号向电信号的转换，自然需要超高速的模数转化器件。FEC技术是对非线性和色散引起的信号失真做预补偿，在100G技术中只是建立在超高速的模数转化基础之上的应用，技术实现难度不大，偏重于对现有集成电路技术的改进应用。

三、PDM-QPSK技术

100G光传送技术实现的关键是基于相干接收的PDM-QPSK技术。40G技术中，调制技术存在多种，调制格式有：PSBT（相位整形二进制传输）、CS-RZ（载波抑制归零）、DQPSK（差分正交相位频移键控）、NRZ-DPSK（不归零差分相位频移键控）和DP-QPSK（偏振复用正交频移键控）等。在40G光网中的应用中，这些调制格式各有优势，很难找出最佳的调制技术。在100G技术中，由于器件性能的限制，只有两种调制格式技术适合100G光传送技术的应用——基于相干接收的PDM-QPSK技术和O-OFDM（光频分复用）技术，系统运营商更偏重基于相干接收的PDM-QPSK技术，原因有以下两点。

（1）应对升级至100G光网会出现的传输性能问题。100G光网演进策略是平滑升级，不改变现有网络结构，最大限度利用10G光网的光纤线路和波分系统的架构。平滑升级不是简单的设备升级，而是要面向100G光网系统解决CD（色度色散）、非线性和PMD使系统性能降低不能有效传送信息的问题。从10G系统升级至100G系统，为了保证不产生影响业务正常传送的误码，相对10G光系统，OSNR（光信噪比）要提高10倍、PMD容忍度要提高10倍、频谱效率要提高10倍，以及CD容忍度要提高100倍。这些要求实现难度很大，PDM-QPSK技术符合这些要求，不但能最大限度提升频谱的利用效率，而且相位调制技术具有很高的非线性、CD容忍度和PMD容忍度。

（2）基于相干接收的PDM-QPSK更符合100G光传送技术要求，具有光学器件构架传统美。技术是存在美感的，不是冰冷的方法应用和实现。OFDM技术源于无线传输领域的巨大成功，是电磁波频谱利用率的创新应用技术，利用一套相互正交的宽带副载波发送数据，把高速的串行流分割成并行的低速流，再分别加载在若干个副载波信道中进行传送。而O-OFDM是无线领域获得成功的技术在光纤中传输的应用，首先，通过串并转换把用户数据分成N路；其次，将N路数据调制至各自对应的副载波上；再次，将这些调制至副载波的多路信号进行IFFT（反傅立叶变换）以实现OFDM的调制；最后，通过并串转换和数模转换，成为电信号直接调制激光器输送至光纤中传送。在专业研究领域，研究者对O-OFDM技术研究热情一直很高，因为传送速率根据星座图数位的不同，可以实现T级速率的传送。从某种意义上讲，O-OFDM更像移动传输技术，只是把信道由无线变成了光纤。基于相干接收的PDM-QPSK技术则不同，其利用光特性和光器件结构的设计实现的调制复用技术，更贴近光纤传输，具有传统的光学应用美感。系统运营商更是热衷这种调制技术，其更符合光网技术演进。

（一）技术系统的局部及其概念

基于相干接收的DPM-QPSK技术，将通过以下具体实现原理的系统图，化整为零地展现基于相干接收的DPM-QPSK技术的理论框架。

按信号流向，流经基于相干接收DPM-QPSK技术系统构件的主线是：首先从PDM到QPSK，其次到相干接收，再到解调QPSK。以下分五步对系统的局部及其包含概念进行阐述和分析。

（1）PDM。PDM是偏振光复用，波分复用的概念是1977年提出的，在光波复用的研究中，研究人员又发现了光的偏振特性可以用来作为光复用技术，继而产生了PDM技术。通过严格的理论分析得到，在椭圆单模光纤中可以传导两个矢量模，一个矢量模几乎为X方向的线极化模，另一个矢量模几乎为Y方向的线极化模，两个模在空间中呈现正交状态，可以独立传送信息。在实际应用中，光子振动呈全方向性，通过系统框图中的偏振分束器将激光源分成X方向和与其成直角的Y方向的光信号。

（2）QPSK。QPSK是正交相移键控技术，其作用是通过相位映射两位比特信息。通过QPSK调制部分，将两路信息流加载到其中一个光方向的信号上，这两路信息流分别是I分量和Q分量，I分量和Q分量通过π/2的相位差呈现正交状态。QPSK将I分量的1个比特和Q分量的1个比特组合成二位比特，从而映射至相位，通过I与Q和相位的三角函数关系表达式得出的映射关系为以下4点：00对应π/4，01对应3π/4，10对应5π/4，11对应7π/4。

（3）PDM-QPSK调制。DPM-QPSK调制技术的目的是降低电层面的处理速率。从现阶段电路技术来说，40G已接近电子瓶颈的极限，速率不断大幅度提升，其功率损耗、信号损耗和电磁干扰等问题是很难解决的，且解决付出的代价将非常巨大。通过DPM-QPSK调制技术以另一种方式很好地规避了这些问题，DPM将光分离成了两个偏振方向的光，信号调制至两个偏振光上合力传送每秒100G的信息量，一个偏振光传送每秒50G的信息，实际的信号传送速率就降低了一半。QPSK将两位比特信息映射为相位进行表达，相当于用1个参数表示了两位比特信息，信息传送速率又降低了一半。在这里，DPM-QPSK处理数据已不能用速率来表示了，应用波特率来表示。DPM-QPSK调制的结果是以远低于40G速率的波特率实现了100G速率信息的传送。

（4）相干。从狭义来讲，指同频同振的两束光；从广义来讲，指相位相同或相位差保持恒定的两束光。在100G技术中，实现相干就是在接收端选用与发送端中心波长相同的激光器，通过同步电路的处理，使接收端与发送端保持同相。相干的目的在于方便还原相位调制信号，提升信号传送性能值。

（5）QPSK解调。QPSK解调的目的在于还原信息流，信号的解调与信号强度无关，只与信号相位相关。即使经过长距离的信号传送，并叠加噪声和干扰的影响，也能通过相干性识别相位，从而还原信息。这就是采用相干性的解调技术会得到高色散容忍度、高OSNR值和非线性容忍度的原因。对信号的还原还有个关键点，这是各厂家100G光传送设备性能存在差异的关键。由于提取原波特率的信号，涉及超高速的模数转换，会产生大量噪声和干扰，这就对 DSP（数字信号处理）的积分算法和充放电时间间隔的选取提出了更高的要求。

（二）商用价值

基于相干解调的 DPM-QPSK 技术，在产品化过程中，PDM-QPSK 和相干接收模块都采用的是商用器件，各厂家 100G 产品性能的差异关键取决于信号传送的最终环节 DSP 的算法，各厂家都对此 DSP 算法申请了专利。华为的 100G 波分产品首屈一指，在现网测试结果的记录中，其分别在欧洲和中国创造了 2112 千米和 3000 千米的纪录。

在理论研究中，基于相干解调的 DPM-QPSK 技术充分结合了实际商用价值。采用四进制的 QPSK 技术，原因在于成本。高进制的调制技术意味着调制成本的增加，这些成本会随着进制的增加成几倍增加。四进制的 QPSK 已足够满足频谱利用上的需求。采用 DPM 技术也是基于成本做出的决定，八进制的 PSK 技术实现成本远大于 DPM 技术实现成本。总之，DPM-QPSK 技术是最符合 8 个 10G 模块成本与 1 个 100G 模块成本相一致的商业规模化推广成本目标的。

100G 光传送技术是光网演进的重要环节，也是迈向未来 T 级传送光网的关键性阶段技术。基于相干解调的 DPM-QPSK 技术不仅是业界对技术方案的选择，而且是理论与商业较好结合的选择。2009 年底，从 100 G 光传送概念的炒作开始，到 2010 年包括华为在内的众多系统运营商巨头纷纷抢先发布 100G 产品模块，再到如今部分区域的 400G/800G 实验网建设，相信电信运营商规模商用化会早日到来。基于相干解调的 DPM-QPSK 技术在其中发挥着重要作用，成为系统运营商的 100G 技术中的主流关键技术，其更复杂的复合技术为未来的 T 级光网技术的实现打下了坚实的基础。

第三节 移动网络技术

一、SON 技术

SON 概念诞生之时，云计算、大数据技术发展尚处于低谷期，当前 5G

技术在移动智能化方面采用了云化及边缘计算技术，实际SON是5G移动智能技术简化版，从SON技术中可以了解移动智能技术的精髓。

通信运营商市场竞争日益紧张，迫使全业务经营提上日程，通过新业务开拓及业务组合在竞争中脱颖而出，进而实现企业收入新的增长点，推进企业创新发展成为通信运营商的一道必须解决的难题。正是在此种背景下，移动互联网成为业务新的增长点，并推进了通信运营商全业务经营时代的来临。目前，移动通信技术发展快速，其高业务带宽和多样性的特征，使得移动网需要高质量的无线覆盖，低路径损耗和基站功耗控制也相应提高了要求，这表现为基站规模成倍数增长，运营成本和市场开拓压力日益增大。鉴于通信运营的低成本及高收益输出可以推进通信运营商战略转型，如何满足网络质量实施低成本构建精品无线网络成为必须解决的问题。移动SON技术是具有潜力的整体解决方案，业界已有一定规模的实际应用，对于通信行业后续5G网络的建设规划具有一定的引领性。

SON技术定义为自组织网络，最初用于军事，由Baker等人提出，在毁坏性的战争环境中，通过若干无线收发节点自组织形成多跳网络。在民事应用中，移动宽带业务的迅猛拓展，引发更多人关注SON技术的固有特性及其蕴含的优势，已逐步融入当前运营商无线网络中，其在民用领域的应用不断深化。移动SON技术的原始概念来源于NGMN（下一代移动网络），2006年3GPP（第三代合作伙伴计划）正式引入3G和LTE网络。两大标准化组织联合运作意在按照当时市场需求制定自配置、自优化的自组织移动组网方案。由此，移动SON技术的定义不仅是一种技术的表达形式，而且是通过智能化机制实施移动网络规划、优化及管理的高品质移动网络的代名词。

二、标准

1. 标准概述

经过多方博弈，业界基本统一了移动SON技术的标准，可以分为以下四点。

（1）自配置。基站能实现开站自启动。

（2）自优化。依据环境感知形成优质网络覆盖。

（3）自愈。保护机制融入无线网络中。

（4）绿色。依据数据建立业务节能模型，从单站式节能升级为不同业务颗粒的节能方案。

2. 制定标准

技术标准的制定是为了更好地为技术实现及实践服务的，移动SON技术也是这样的标准，在此基础之上的技术实现和具体应用，将对照移动SON技术标准进行——具体实现及应用的描述。

（1）自配置。实施过程需要10小时以上。为适应基站建设数量日益增多及相关数据配置越发复杂的发展趋势，为提升基站建设效率，业界提出了一种基本自配置工作程序。基本则表示基站开站初始操作仍然需要人工，毕竟完全没有人工的参与完成开站是遥不可及的，这种自配置的工作程序好比一台智能化的电饭煲，只需简单地按几个按钮便自动开始米饭蒸煮的定时及实施。工程师只需与其联网，设置简单的基站启动参数，基站便自动开始完成初始配置数据准备、OMC寻址连接、与核心网连接、下载基站软件、下发无线网规及信道传输配置数据、邻区检测、无线覆盖和容量相关数据配置的全过程，基站的运营由此智能化。此基本自配置工作程序是基站、网管和软件管理库交互实现的，全过程仅需5分钟，基站建设的高效为无线网络规划发展提供了技术条件。

基本自配置技术中的邻区检测技术非常重要，是实现自配置的技术关键。移动切换是无线网络建设的重要内容，无缝覆盖不单指空间上的区域覆盖，而是在动态环境中，保持移动台与相邻基站的不中断连接。传统的无线切换是根据移动路损模型和GIS地图进行规划和分析，使得当前小区获取不同邻近小区信息从而建立移动切换的关系，邻区关系的优化在移动网络优化工作中最为耗时，占运维工作量的30%左右。即使外包至第三方网优公司，人工参与度仍然很高，不利于成本控制。

面对此技术难题，业界厂商已实现突破，并在其产品中不断优化应用。邻区检测技术相对于常规的手工规划节省了99%的开销，实用性更强。这种邻区检测技术利用移动终端固有的无线检测机制，只对新邻区号进行验证，不占用移动终端其他处理资源和能力，基站由此始终处于优化状态中，大幅降低邻区切换失败率和掉线率。另外，移动网络共存多种制式网络状态，必须支持不同制式网络之间的自动邻区管理，使得双网或多网的移动邻区的自配置和优化成为现实。

（2）自优化。规划之后即要调优，移动SON技术一个重要内容是自动实现无线网络优化。无线网络的优势在于实时性及移动性，但劣势同样突出。

移动网处在一个时刻变化的环境中，使得网络结构、环境、用户分布和行为特征都处在变化之中，因此，不间断的网络优化成为业务发展及保障的重要工作。网络优化（简称网优）是指通过系统数据的采集、分析，提升网络质量，保障网络安全运行。移动业务发展迫使网优成为市场竞争的武器，网优不仅保障通信质量，更要使移动网资源配置最优，通过实时流量和话务量分析，得出网络发展规模趋势，提前为市场提供充足产品做前瞻预留。

网优是一项耗时长、人工参与度高的巨大工程，涉及几百个参数组合的设置，精确度难以保证，联调导致实时响应度低。SON技术的自优化技术能解决传统网优的难题，其方案是通过智能化网络，感知网络的动态变化，可以对业务颗粒开展处理，自行做出判断，实现快速小颗粒度的网络调优，其过程如下。

无线系统接通率是无线维护指标中的一个重要指标，这是个严重影响着用户感知的指标，用以评定用户无线产品质量。无线接入主要的影响因素为接入时延和随机接入时延，接入时延和随机接入时延都存在于系统自身，于是随机接入时延的控制成为提升接入成功率的关键。竞争冲突和前导传输功率影响随机接入，会出现不能接入功率异常信号和接入因竞争被拒的情况。设备制造商将接入参数的参考指向随机接入成功率，对于随机接入的控制是不够的，是粗颗粒的调整。SON技术将专家系统引入基站，其一，为了避免竞争接入被拒开放更多的随机信道资源从而实现竞争检测；其二，依据实时接入数据占自身接入容量的比值进行移动台监控，控制时延动态调整及闭环调整前导功率，保持接入状态网络最佳。

（3）自愈。在无线规划中，必须考虑自愈，要实施业务保护。自愈的概念来源于传送网，是指自动将业务从故障中恢复，不用人工参与。SON技术的自愈更加健壮，在SON技术移动自身网络中通过自愈机制的建立，对告警进行一系列操作及处理，相应告警被消除，使正常的业务工作状态得以保持。另外，从运维工作量减少和网络运维提升的角度出发，上报网管告警被大量避免，当故障不能被SON技术自身自愈机制消除，再将网管告警上报，维护工程师及时处理，继而大幅提升运维效率。

在故障处理过程中故障定位是最关键的。SON技术中的基站故障检测定位功能是很强的。其可以通过自检程序完成自身设备的故障检测，可以采用软启动、激活和硬件自身的备份倒换功能等方式针对自身设备的故障进行预处理。如果是业务类故障，通过性能的分析采取相应的故障处理措施，基于业务的重要性及影响面，首先，进行基站自身小幅度的修复动作；其次，若无法解决，再对业务实施系统的修复恢复，整个基站的正常工作可能会短时间受影响；最后，若修复还不能完成，会对业务进行网络层面恢复，隔离故障单元，备份激活单元，远程上报故障单元告警至网管，当工程师发现网管告警时，结合网优，工程师对参数进行调整，结合性分析后紧急派人到现场进行故障的最后处置，使业务的恢复得到最大限度保证。

（4）绿色，即业务级网络节能。在无线网络规划中，移动SON技术的一个显著特点是兼顾运营自动实现低能耗。我国是资源高消费国家，科学发展和低碳目标，促使节能降耗已成为国家战略目标的重要组成部分。电信运营商的OPEX（运营支出）35%左右是能源消耗的费用，是运营开销第一大项目。研究机构做过有关的粗略统计，结果显示，网络处于空闲而无数据传送的状态要消耗90%的能源，由此运营商节能空间极大，政府较高的节能指标相应由通信企业承担。电信运营商的一道难题就是如何节能以降低运营成本。近年来，运营商取得了不小的进步，一直在正确道路上开展技术创新应用和管理能耗。

移动网的节能包括两个方面：一是自身设备的低能耗；二是在满足市场需求的前提下，网络优化调整使其总能耗最小。其中，第二个方面是移动SON技术的节能所从事的方向，同时降低能耗在自身芯片的损耗。

移动SON技术的节能方案是依据业务数据模型的，相应节能的手段也很丰富，可以是休眠整个基站，也可以是优化某些无线资源，具体应用场景非常广泛，针对需求层次的不同，业界提出了以下几种节能应用，可分为粗维度节能、较小维度节能和小维度节能。

① 粗维度节能是指关闭整体性基站，适合应用于容量受限网络。商务区或居住区多是这种网络的业务模型，商务区的白天是业务量集中时段，而居住区的晚上是业务量集中时段，并且居住区的业务量在前后半夜呈现明显差异。鉴于此种业务数据模型，可以调整无线网络基站工作的数量，运作部分基站，在关闭部分基站的同时，按照运营商业务部署的规则，SON技术可以通过OMC实现业务所需的无线覆盖的节能。在自行关闭基站过程中，每个区域都会有一个主站，一般位于区域中心；从站即为其余基站。按照具体的业务数据模型，在低业务量的时间段，主站会关闭从站，主站自身通过无线参数调整适配业务模型，继而扩大覆盖。

② 较小维度节能是指关闭扇区，适用于不同时间段的业务流在较小区

域的变化。运动场之类的场所适用于此业务模型。运动场中的人流具有不定性的特征，某个区域的业务量对应某个时段是不一样的。鉴于这种模型，只需调整关闭扇区即可实现节能。决定扇区的关闭是根据OMC对扇区业务量的检测，OMC通知基站进行扇区的关闭，同时进行扇区的优化，其间OMC不必修改无线参数，可以通过天线调整实现对扇区的补偿。

③小维度节能是指关闭载波和信道达到更细维度业务级别的节能。目前各厂商都在争先研究之中，其基于环境、态势感知的大数据及AI应用，其节能潜力是最大的。

移动SON技术的出现，探索了5G以至后期更先进的移动网智能化技术，为当前5G乃至未来6G的发展铺垫了良好的技术基础及商业基础。自组织、自优化的网络为隐性传送、分布式计算及传控智能分离控制等高科技技术发展铺设了道路，由此构建了低成本精品移动网络，为通信运营商的新业务拓展及运营提供了保障，更为构建绿色能耗友好型社会提供了可能。

第二章 云技术

"腾云驾雾"，实际就是信息技术（information technology，IT）硬件资源的集中化，本质就是虚拟机集中化。本章论述的云技术，涉及虚拟化、Paas架构及云安全和云计算中心集成等关键技术，揭示了IT硬件集中运行及管理机制，也展示了地市级云技术集成成果。云作为新基建重要建设内容之一，也凸显了加快云技术关键突破对于国家安定及繁荣的重要性。

第一节 虚拟化技术

虚拟化技术应用广泛，来源于数字孪生，即软件仿真。服务器虚拟化技术是其中集大成的代表。虚拟化技术作为重要的计算机支撑技术，得益于虚拟化软件技术，在云计算中发挥着关键作用。云计算已经成为当前的新基建，计算机任何层面之间通过其虚拟化实现计算和存储共享，通过面向上层的真实层转变为虚拟真实层面，屏蔽了下层硬件差异，达到硬件与软件去耦合的目的，对面向上层软件应用实现了透明。虚拟化技术本质上是采用软件模拟硬件功能，其中靠控制和协作的机制及复杂语义得以实现，在此过程中，产生的开销对应用效能有一定程度的影响，为此业界对虚拟化技术开展了性能上的优化，不断提高其基础平台性能，创造了推广云计算商用的有利时机。

一、定 义

虚拟化尚无统一定义，简单来说是指计算元件在虚拟的基础上而不是真实的基础上运行，是一个为了简化管理、优化资源的解决方案。任何硬件资源都可以虚拟化，计算机CPU（中央处理器）、内存、硬盘和I/O（输入/输出）接口等组成皆可以模拟，操作系统、文件系统和应用程序软件等运行环境也可以虚拟。正因如此，云计算中的核心支撑技术必然是虚拟化技术，正所谓先虚拟后云化，无虚拟池无云计算。

云计算中的虚拟化技术的核心是服务器虚拟化技术，指的是通过软件虚拟化技术将一台物理服务器分割成多个虚拟服务器的过程。虚拟服务器可以独立运行不同操作系统和应用程序，就像是一台独立的物理服务器一样。虚拟化技术在物理资源层面上对服务器进行抽象，使得多个虚拟服务器可以共享同一台物理服务器的资源，从而提高服务器资源的利用率。云计算与服务器虚拟化技术目标一致，都是将IT资源虚拟化池供给软件使用。

二、商业价值

应用驱动云计算产品的出现，推动着虚拟化技术商用化进程，商用化进程与经营指标相关，虚拟化技术也必须符合市场推广成本及收益的经营规律，即有价值就有产品需求，进而就有商业市场。从目前来看，服务器虚拟化技术已经存在很大的商业价值，主要有以下六点。

（1）IT、传输及软件服务业需要更高性能、更低成本的精细化运营。关于企业信息化运行成本，其数据中心的建设投资是成本的主体部分，此成本主体部分又可细分为两部分：一次性硬件及相关授权软件费用、后期运行维护成本。关于上述企业信息化运行成本的问题，服务器虚拟化是很好的解决方案，一是实现了硬件集中虚拟化供给，极大提升了物理服务器性能使用率，原多台服务器上的软件可由较少集群服务器承载，降低了数据中心一次性建设成本。二是自动化虚拟化管理及资源配置工具，降低了人工干预及运维复杂程度，不用偏重硬件与操作系统、中间件、应用软件的耦合排障，利于后期运维成本的降低。服务器虚拟化使得数据中心投资成本大幅降低，但在软件应用上效率却得到了极大提升。从财务角度看，服务器虚拟化技术是公司运营的最佳选择。

（2）平台对应用透明化。商用产品或应用投放市场周期较长，目前大多数数据中心因为历史原因有多个平台，不同平台间的接口及软硬件各层间的耦合关系调测等工作量巨大，导致一个产品或应用上线时间不断延长。要想降低产品或应用投放市场时间，服务器虚拟化技术恰能满足这一要求，采用虚拟机将硬件和软件解耦合，降低系统间接口调测难度，实现跨平台应用开发。

（3）加快部署，积极响应市场需求。目前，应用部署到数据中心的程序大致过程如下：选择物理机、安装中间件、安装应用、数据配置、测试应用、应用运行。此过程的发布周期需要以周为单位，需要人工全程跟踪部署应用，各环节人员在衔接点交接处容易因为沟通不畅而出错率高。为了大幅缩短应用部署周期，使周期以分钟为单位，虚拟化服务器技术提供了以下简单步骤：输入激活配置参数、拷贝虚拟机、启动虚拟机、激活虚拟机。总之，加快部署应用，积极响应市场需求，虚拟化服务器技术具有传统IT不可比拟的优势。

（4）实时迁移保障数据安全。云计算服务提供商的服务是不能间断的，因此，故障将是常态。传统数据中心采用多机备份、人工备份和数据备份工具保障服务器安全运行。新数据中心创建了服务器虚拟化集群，通过虚拟机实现了硬件与软件的隔离，对每个虚拟机进行备份，继而备份产生的操作镜像通过动态实时迁移技术转移至新的虚拟机或集群中的其他物理机上，因此，故障常态化的问题即可得到较好解决，服务可用性也达到了不间断的标准。

（5）集约化管理硬件，降本增效。云计算发展是伴随互联网发展及个人普及主机低效应用而产生的，集约化提供符合用户性能需要的云服务成为云计算发展的商业动力。根据Google报告，目前企业数据中心硬件资源利用率范围为5%~20%。在原应用不变的条件下，应用服务器虚拟技术将提升一台物理机的性能使用率，由此硬件的投入将减少，进而实现降本增效。

（6）低能耗、环保。碳中和是我国提出的绿色环保目标，为了创建未来可生存环境，IT能耗必须做出改造以适应政府号召。云计算商业的动力之一也来源于此，节约能耗就是节约成本，也能为绿色社会创建贡献巨大力量。在进行服务器虚拟化计算时，会实施能耗的有效管理，会对X86服务器和应用程序采取关闭或限制的策略。另外，服务器虚拟化技术节能会降低机器运行温度，进而使其配套的动力设备降低能耗，从而使整个数据中心能耗得到大幅降低，达到低能耗环保的目的。

三、服务器虚拟化

服务器虚拟化，一方面，虚拟化的服务器硬件组成包括CPU、内存、设备与I/O；另一方面，通过实时迁移虚拟机统一调度和使用资源虚拟。实现服务器虚拟化具体操作如下。

（1）虚拟化CPU。虚拟化CPU主要是一个虚拟CPU对应一个物理CPU，一个虚拟CPU的指令只能由一个物理CPU处理，这是进程分配及调度的要求。一个或多个虚拟CPU可以对应一个操作系统，但虚拟CPU必须在系统中进行隔离。

CPU在虚拟化环境中执行操作系统特权指令功能是CPU虚拟化的一大难题。特权指令必须完整地拥有底层硬件，对此X86架构很难实现。X86体系中CPU运行有四个级别，分别为Ring0，Ring1，Ring2和Ring3。Ring0级别是指令级别，包含特权指令，如硬件参数修改等。而X86架构虚拟化后，Ring0只能运行在底层硬件与操作系统之间的虚拟层，这造成特权指令不能完整地拥有底层硬件，诸如系统中断、调度等操作无法进行。为应对此难题，全虚拟化和半虚拟化方案便应运而生。

全虚拟化方案是应用二进制代码动态翻译技术布放在虚拟层、操作系统之间，采用前插陷入指令的方式实现操作系统的特权指令，通过虚拟机翻译特权指令向下执行，这就避免了操作系统的修改；特权指令依靠虚拟机翻译执行，非特权指令又能直接在物理机上实现。全虚拟化方案会增加开销，以牺牲一定性能为代价实现CPU虚拟化支持多系统。半虚拟化方案与全虚拟化方案对立，虚拟机执行特权指令需要修改操作系统，在实现时，创建虚拟平台超级调用接口，将特权指令封装至接口中，一旦实施调用，操作系统就会完成响应执行特权指令的参数修改，此方案不支持多系统。于是，在上述两种软件方案的基础之上，硬件方案产生，虚拟平台的设计得到极大优化，在CPU中开辟了虚拟化功能指令区域直接支持CPU虚拟化后特权指令的执行。在虚拟化平台中，将处理器设置成根模式即可运行。

（2）内存虚拟实现依据虚拟层需求对物理内容进行划分，在此基础上要建立虚拟内容与物理内容的映射对应关系，确保物理内存和虚拟内存能应对应用进程访问时的地址连续性及一致性。由此可以看出，虚拟化内存的核心技术是映射关系技术。

最初内存管理技术成本昂贵，是依托内存硬件上的扩展和优化内容使用的算法。虚拟内存技术结合CPU内存管理单元和页表转换技术，管理映射物理内存及虚拟内存的关系，大幅提升了内存的使用性能。

虚拟化内存管理融入了虚拟物理内存和机器内存的概念，以此创建映射虚拟内存地址与物理机内存地址的关系。

逻辑内存与虚拟物理内存在虚拟层中的进程使用中创建一级地址映射关系；而二级地址映射关系由虚拟物理内存与物理机的机器内存创建。地址映射维护管理方法有两种。一种是影子页表法。内存页表由操作系统维护，内存地址反映页表中的一级映射关系，二级映射关系则是虚拟层的页表反映。共同的虚拟物理内存地址的变量存在于一级映射及二级映射关系，当内存页表被操作系统访问时，读写地址的操作在页表中进行，变化一级映射关系，会导致虚拟物理地址随一级映射而变化，虚拟物理地址作为二级映射关系，物理机内存地址会随虚拟物理地址的变化而变化，从而新的内存地址映射关系得以实现，这就是传递式映射管理方法。另一种是页表写入法。当页表被操作系统访问时，页表内存地址的操作由虚拟内存管理单元完成，映射机器内存和虚拟内容地址的关系被直接返回，真实的机器地址在操作系统中是可视的，但仍要依靠虚拟层的监视器实现操作系统对内存页表的访问。

（3）虚拟化设备、I/O 和网卡。设备虚拟化也是非常重要的，整机和 I/O 虚拟化后，将物理设备虚拟化统一管理，并在虚拟机上多个虚拟设备封装时使用，进而使虚拟机的设备访问和 I/O 请求响应得以实现。

另外，网卡的虚拟化是互通的必备。网卡提供了服务器与外界设备间的出入口，是 ICT 的体现。虚拟服务器互联通信仍需通过网卡进行。虚拟机都有一块虚拟网卡，在具体实现中，更改虚拟机上的操作系统网络接口驱动，创建虚拟交换机，负责数据包在传递范围内外转发，转发机制仍然运行在数据链路层，此过程不依靠硬件，而是以虚拟平台软件管理方式进行。

（4）实时迁移技术。实时迁移技术采用了无线软切换原理，在实际实现中，在客户操作系统之间建立两条链路连接；在虚拟机运行之时，由原宿机快速地将完整的运行环境状态迁移至新宿机；在迁移过程瞬时，用户不易觉察。虚拟的好处显而易见，能进行跨平台实时迁移。

实时迁移技术对于运维十分重要，云计算中出现故障是常态，在故障常态中实现不间断服务必须依靠实时迁移技术来完成，这对数据中心的可靠性指标有所保障，面向用户的云服务质量也会随之提升。

虚拟服务器的性能是服务器虚拟化应用中涉及用户感知的重要问题。虚拟化服务器性能与用户使用特征状态是密切相关的。虚拟服务器不同组件资源密度（如 CPU 密度、内存密度及 I/O 密度等），都会影响虚拟服务器整体性能，当中产生的开销对于虚拟化平台而言是巨大的运行负荷。因此，可以将虚拟服务器的性能转化为服务质量中的两个重要指标，即业务吞吐量和响应时间。在虚拟服务器构建时，依据服务质量指标和用户使用特征大数据模型可以做到匹配服务器虚拟化设计，这对信息服务企业运营而言，可逐步实现智慧化供给。

第二节　云服务

一、云计算

云计算作为新基建的重要内容之一，正汹涌而来。说到云必须要说云产品，这是云计算发展的本质。云产品的价值体现着云计算的价值。依托云技术平台实现的云产品，不仅仅是集成技术，也是云计算运营思路的内涵表达，以深层次地剖析云计算产品平台阐述产品实现路径。目前，云计算产品运营平台，从已存在的云计算产品成熟平台进行解析，意在获取云计算如何通过产品实现经营的思路，以找到云计算产品平台开发促进企业发展的道路。为此，选择了Salesforce公司的PaaS平台作为云计算产品平台典型代表，其与众不同的风格对云计算运营发展产生了较为深远的影响，引发了国内多个互联网企业向云计算服务转型发展。

1999年，Salesforce公司正式成立，其为甲骨文公司前高管Marc Benioff所创立的，该公司创办之初便围绕"消灭软件"的运营理念开展变革，意图通过整合IT资源，实现集约化管理及运营，依靠互联网接入普及的时机，提供互联网式按需定制软件服务，为企业和用户创造双赢价值。非凡的理念促使Salesforce公司成为当时引领云计算产业发展的优秀企业，其经营理念及云计算产品被后来许多云计算服务提供商所效仿。与云计算业界的另一优秀企业Google公司的相关平台及产品相比，Salesforce公司PaaS平台的架构设计和应用支持，有明晰的辨识度。Salesforce公司PaaS平台最大的成功点在于创新开发了多租户架构，面向市场对云计算产品平台一体化实施了较好的运营。因而，通过对多租户架构的解析，Salesforce公司PaaS平台能较好地一览云计算产品的丰富内涵。

多用户概念给多租户的概念带来了灵感和实质。传统的多用户是一个实例对应多个用户，只是在权限上对多个用户进行区分。多租户则是一个虚拟实例被多个用户共享，具体软件实例虚拟成虚拟实例，共享的虚拟实例面向多个用户，存在天然差异。多租户面向的是实例应用，通过创新技术创建共享实例，多租户软件架构在设计上并没有预先考虑内置分区及参数设置，必须进行必要修改，尤其是数据库要开展特殊性设计，并且要进行安全防护部署，以杜绝共享资源带来的安全风险。

多租户一般有三种常见模型，三种模型的区分关键在于最底层数据库模式。

（1）私有表。每个用户对应一个新表。此模型实现起来较为简单，但资源消耗大，相应的成本也比较高。每个表采用数据定义语言（DDL）操作，表之间整合度不高，这主要涉及DDL数据框架限制。

（2）扩展表。将表分为基本表和共享表，意在减少DDL操作，增大表的整合度，但表的架构会很复杂，毕竟用户要同时占用基本表和共享表。

（3）通用表。Salesforce公司采用了这种表。通用表包含两位：租户位和数据位。区分用户靠租户位，各种类型的存放数据靠数据位区分。通用表采用了大数据宽表的稀疏列表格式，从而在灵活扩展和通用性上表现极佳。通用表里每一行数据位以键值对形式进行数据存储；宽表的行非常宽，有许多空值可以进行填充。因此表具有极高的整合性，同时规避了DDL操作。通用表的缺陷是架构实现难度大。

二、PaaS平台

Salesforce公司的PaaS平台整体架构有三层：一是基础设施资源层；二是Force.com平台层；三是软件应用层。其中整体架构的核心组件是Force.com平台，平台层的实现需要整合基础设施层的资源以支撑PaaS平台为软件开发者提供开发运行环境及开发工具，公司云产品应用依托PaaS平台向上发布，以软件即服务（SaaS）形式提供给用户付费使用。

Salesforce公司的PaaS和SaaS在同一个平台上下整合，并且成本效益凸显，最重要的是软件架构上应用程序接口（API）得到了统一，PaaS和SaaS的API重用率很高，便于管理应用服务。

商用的第一个基于多租户架构的PaaS平台就是Force.com，其性能卓越，而且支持灵活定制。

Force.com架构分为网关和虚拟服务器群（POD）两部分。

（一）实现原理过程

访问发送至网关，网关接收请求并区分访问请求的应用，将所属应用的租户转发给相应POD。POD运行于服务器集群，一套Force.com系统加载一个POD运行，上万个租户在此系统中运行，Force.com平台高负荷承载能力由此可见。因此，负荷均衡部署在POD之上，POD接到请求后，负载均衡器会根据负载将请求转发给用量较少的应用服务器，直至租户能平均分配至每个POD。为方便应对大规模应用请求，POD中应用服务器通常是无状态的，这使得架构在应对业务量时充满弹性。架构中设有共享数据库，为加快应用服务器处理请求，一般在缓存中查询请求所需的数据，若发现自身缓存中无请求所需的数据，共享数据库就会发挥重要作用，共享数据库会提供给应用服务器请求所需的数据，以便开展下一步的请求处理。在面向运营时，POD可以根据用户发展数量进行在线扩容，整个架构可扩展性保障了市场业务的发展。

（二）平台架构中的组件

从上述原理中可以得出，POD是平台整体架构中的核心，其组件包括负载均衡器、应用服务器和共享数据库。

1. 负载均衡器

负载均衡器应用了多I/O设计，对于虚拟服务器而言，本身就存在多个I/O服务器，只需通过I/O服务器互联，将运行软件算法实现的分配资源调配至各个服务器资源使用，就能满足负载均衡要求。在具体实施中，算法会将任务分配至负载较轻的I/O服务器上，启用负载均衡模式的服务器，负载较轻的I/O服务器会通过负荷识别机制被客户机自动寻找。

2. 应用服务器

用户的请求处理是在应用服务器上完成的，其包含图2.1所示的5个模块。

（1）元数据缓存。元数据缓存存放有最近使用过的元数据，起到加速应用生成的作用。元数据是描述对象数据的数据。Force.com的组成对象包含表格、用户接口（UI）

| 元数据缓存 |
| 大规模数据处理引擎 |
| 多租户感知查询优化引擎 |
| 运行时应用生成器 |
| 全文检索引擎 |

应用服务器

图2.1 应用服务器组成框图

和用户权限等，在数据库中均以元数据的形式存储。Force.com 的对象涉及将字段信息填入一个数据库的列表中，其对象关系受到数据库的完整性约束。数据库中的数据表均有独立的存储地址，Force.com 开展了存储优化，将存储放置对象作为多个共享的大数据库表，此表中包含许多数据通用字典（UDD），UDD 对元数据进行记录和更新。在用户使用软件之初，对象的版本和规模是一致的，随着用户使用时间的增长将会出现不一致，因为同一个软件实例的不同，常常是应用软件的定制添加造成的，这时系统就会严格分离应用共享对象和定制对象。在具体操作上，不会为新对象生成新的数据表格，而是在大表中采用元数据形式进行存储。这样操作好处很多，例如，新建表格比原表中数据存放易实现很多。在实际运行中，Force.com 元数据动态生成虚拟实例和虚拟实例所需模块是靠其引擎分析实现的。

（2）大规模数据处理引擎。PaaS 平台读写大数据量和在线事务加速处理需要大规模数据处理引擎支撑。引擎能快速应对处理 API 调用情景，特别适合一个 API 发生调用时有大量待处理数据需处理的场景。另外，引擎有错误恢复机制内置功能，在处理大规模数据过程中，如果一个步骤发生了错误，引擎能快速捕捉并且修复这个错误，同时对出错步骤之前的数据结果进行保存，确保继续操作。

（3）多租户感知查询优化引擎。引擎的作用是将多租户的环境与自带查询优化器的关系型数据库更好地进行匹配。数据库自带查询优化器的目的是进行计算和比较数据库表的索引等数值，但这种自带查询优化器仅仅针对单租户环境，为此在多租户环境中设计了一个感知的多用户查询优化引擎，以维护每个多租户与之对应的一整套优化对象数据。另外，租户和租户下用户的安全信息也由引擎维护，不仅避免了误处理租户间的数据，而且提高了数据处理效率及其安全性。

（4）运行时应用生成器。运行时应用生成器依据用户请求动态形成应用，并利用查询优化器提升数据处理效率。在数据库开展数据更新时，数据的相关索引由引擎异步更新。

（5）全文检索引擎。Force.com 平台内置的全文检索引擎基于 Lucene（软件名）技术。当 PaaS 平台上的运行应用实施数据库中数据更新时，检索服务器的后台进程同时异步更新相关数据索引。异步机制的优势在于将事务处理和用户检索划分至不同时间段处理，使处理事务的效率得到了保证，最新搜索结果也能及时提供给用户。在检索过程中，采用了等待检索技术，这是一项优化了检索流程的创新技术，系统先将修改过的数据复制到一个等待检索表中，检索服务器不用对整个索引进行搜索/检索，而是直接访问等待检索表，及时返回用户最新搜索的结果，从而大幅降低检索服务器的I/O处理量。

3. 共享数据库

共享数据库是构成POD的最后一个组件，其采用散列分区技术存放数据，以数据块的管理方式对大数据拆分合并，使得多租户环境适应大数据的发展，提升了系统的弹性及可用性。

（1）元数据表。此表用于存放描述数据的数据，不涉及具体数据。元数据表大致有两类：一类是对象元数据表，存储对象描述信息，其字段包括对象ID（标示数据）、拥有对象的租户ID和对象名称；另一类是元数据字段表，存储对象附加说明字段信息，包括字段ID、拥有字段租户ID、字段名称、字段数据类型和时间戳等。

（2）数据表。此表是对象和对象所包含的字段数据存储表。与元数据表相同，数据表也有两种。一是Data（数据）表，表中放置对象字段及相关数据，其核心字段有全局ID、租户ID、对象ID和对象名称。其余501个数据列用来存放数据，列命名为Value值。首个字段从Value 0开始设定，后续递增排列。列以灵活列方式，以Varchar（可变长字符数据类型）形式承载数据库中的数据。二是Clob表（大字符表），直接存放拥有大字符的对象，限制最大长度字符为32000。

（3）数据透视表。数据读取简化过程依靠透视形象进行表达，针对特殊数据格式的约束，主数据依据某一特征进行读取，从而加速处理特殊数据，使得系统以"短路径"对数据直接进行处理。在具体过程中，表中数据某一特征得到处理，诸如字段类型。因此，数据库不断被优化，对常用数据的读取不断加快，从而结构导致的读取冗余直接减少。

另外，Salesforce公司的多租户PaaS平台，面向对象语言Apex（编程语言名）也是首创。复杂的商业逻辑和多模块功能可以依靠Apex进行整合，Web服务在Force.com上进行创建。有两种运行方式：一是用户需求执行脚本；二是通过特定数据处理事件触发器绑定的Apex代码执行。Apex代码存储于元数据表内，是以元数据的形式呈现的。当Apex代码通过Apex的翻译器后会存放在元数据缓存中，下次被调用时，会读取缓存中被编译过的Apex代码，并直接提供给多个租户使用。Apex的引入，同样是为应对平台的稳定性和安全性。Apex拥有能够检测脚本运行的管理组工具，在执行过程中统计涉及的性能和事件，根据脚本执行是否正常得到辅助进行判断，及时终止执行，同时反馈给此应用的用户。此外，Apex代码内置验证机制，验证内嵌的SOQL（数据库查询语言）和SOSL（数据库检索语言），在实际运行时避免出现错误，满足了平台整体运行要求。

上述多租户架构的PaaS典型案例，不仅是对一种先进的技术理念进行呈现，而且是对云计算服务运营思路的有力展示。在云计算服务经营中，平衡服务及成本在设计上要花费大量思考精力。在云计算服务发展初期和快速期，PaaS平台迭代优化十分重要，架构中包含的动态生成机制，按需分配资源，匹配应用进行扫描，会导致服务请求响应时间长，为了加快读取提升体验，优化技术成为运营的关键，要做好简化数据读取冗余。总之，云计算产品平台运营会随着用户规模及个性行为的增加而导致平台发生变化，企业在实际运营中，要认真面向需求做到平台架构匹配及引领，以人的创造性及优秀团队支撑云计算服务商大规模及高质量发展，在信息服务行业中尤其如此。

第三节　云安全技术

云计算概念诞生之际，信息技术业便疯狂促其发展，此项技术促进了各厂商改进生产线以迎合云计算的发展趋势，并上升至企业长远运营战略规划。在美好的云计算应用前景中，IT架构意味着全面的革新，通信方式为此产生重大变革，其先天的安全性不足一直引发争议，导致其推广应用特别是对公有云产生了一定的阻力。

云计算是基于互联网的计算供给新模式，提供给个人或企业互联网式按需计算服务。云存在着虚拟化服务器集群，正因如此，有大量的木马病毒及网络攻击威胁存在于云中，云为了防御就催生了云安全防御技术，这就是云安全的由来。

虚拟化技术、并行运算技术、服务器集群技术和网格技术等技术构成了云安全技术。云安全1.0、云安全2.0和新一代云安全3.0对应云安全技术的三个阶段。

一、云安全1.0

Web（网页）文件信誉技术和邮件信誉技术支撑起了云安全1.0。在云发展的初始阶段，Web文件信誉技术针对互联网病毒的主要传播方式而生。整理国家计算机病毒应急处理中心统计资料可以得出，Web和邮件是80%的病毒传播来源。邮件的病毒传播和垃圾邮件的堆放处理，则可以通过邮件安全网关部署邮件信誉技术实现邮件行为解析和过滤。网络安全是云安全1.0的侧重点，重点防御外来安全威胁，如果不能提供云安全保护要求的全方面保护，那么企业就没有应对及防范内部网络病毒爆发的技术解决方案。因此，业界对云安全1.0进行了功能升级及完善，云安全2.0就是在云安全1.0存在缺陷的背景下诞生的。

二、云安全2.0

多层次的终端解决方案，"云端+客户端"是云安全2.0的核心精髓。文件信誉技术和多协议关联分析技术是有别于云安全1.0的技术。Web文件信誉技术和邮件信誉技术拓展了文件信誉技术，通过文件内容信誉数据库对文件的内容进行评估。文件信誉技术防止端口作为恶意的文档内容通过的伪装通道。数据包深度解析依靠多协议关联分析技术实现，URL和恶意软件防范应使用综合评估方法进行，为用户数据安全提供最大限度的保障，有力防止了用户数据被木马病毒和恶意软件盗窃及修改。特别应对病毒在企业网络内部的爆发，云安全2.0对传播病毒的源头通过TDS（主机安全检查系统）进行定位处理，并且在企业内部网络广播进行文件预警，达到互染切断的效果。尽管如此，云安全2.0网络防范安全技术还是比较被动，有了某些主动的维护功能，木马病毒更新信息可以依靠反馈机制与云安全服务器病毒库取得，但当前网络安全威胁形势依靠云安全2.0仍然不足以从容应对。随着不断发展变化的变异病毒及网络攻击手段，应用完全主动防御的安全策略保障网络安全成为时下的必然选择，新一代云安全3.0在云安全2.0的基础上应运而生。

三、云安全3.0

发展极为迅速的云计算技术，迫使运营商高调战略性介入转型，加快了云计算大规模商用的步伐。变化的云计算环境，不断革新新一代云安全内容，云安全3.0提供了主动性防御的云安全方案，以应对灵活、变化无常的云计算环境安全威胁。

在云安全3.0初始数据被用户访问时，用户首先触碰的是云盾守护的安全云；其次，云中的数据使用密钥打开，数据处理在保密环境中进行；最后，云中的数据被锁上，如图2.2所示。

图2.2　云安全3.0防护流程

四、云盾技术

在使用云安全3.0过程，应首先保证云的安全，对各种系统和应用程序在网络层进行深度维护，这种需求产生了云盾技术，分为以下五个部分。

（一）集中型防火墙加载控制安全策略

随着虚拟机的出现，软件运行发生了变革性变化，操作系统在物理系统上运行得到完全的虚拟镜像，也就是多个操作系统可以对应一台服务器。正因如此，虚拟环境的变化导致防范的策略部署也要随之变化，并且迁移虚拟系统涉及的操作系统变化会造成很严重的资源竞争现象，受到攻击隐患更大。传统保护策略只针对服务器和应用程序，一个操作系统对应一个防火墙的固定配置。在目前云计算的虚拟环境中，迁移多个操作系统的变化，会导致传统策略下的防火墙无法准确地定位文件系统，保护的功能由此丧失。业界将防火墙直接在虚拟平台中集成，通过动态组件实现对变化环境的动态感知，包括管理服务器及应用程序拓扑、计算机负载计算、容量计算及分配，以及动态的环境对调用、更改和替换任务的保护。在动态环境中实施集中，管理和部署防火墙的策略，必须适应迁移虚拟环境的变化。安全策略的控制要适应企业级的服务器运行需要，客户机在服务器防火墙系统中针对各部门间或部门内部进行相应的权限分配，且客户机之间要防止病毒交叉感染，控制、规范网络内部的共享访问及网络管理。另外，统一管理用户的身份，杜绝弱口令，防止被人利用导致信息外露，其实例应用架构如图2.3所示。

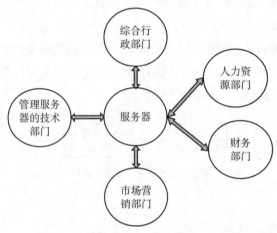

图2.3　权限保护架构

（二）加载信誉技术和DPI（深度数据包过滤）技术

全面智能的防御是指结合网络侧的安全网关建立网页信誉评估数据库、邮件信誉评估数据库和文件信誉评估数据库，依托数据库进行全面网络行为分析和决策支持，提供最强的预警及防御功能。信誉技术部署网络架构如图2.4所示。

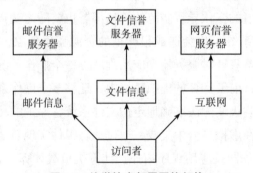

图2.4　信誉技术部署网络架构

对网络关联及行为进行分析是建立在信誉技术之上的，并加载DPI技术。以往数据包过滤只对包头的地址、端口及业务应用信息进行分析，但深度数据包过滤技术，不仅要对数据包的内容展开分析，而且要分析特征字、应用网关和模拟行为，通过综合评估技术分析行为关联度。综合评估是非常重要的，对于检测和防护系统而言，单一行为或单一的下载软件是正常的，但综合评估过程中的嵌入或补丁程序会被盗窃或修改用户系统数据。诸如一旦点击邮件中的恶意链接 URL（统一资源定位符），访问所谓合法的恶意网站，通过网页提示下载恶意软件，会导致用户的数据信息直接泄露，进而丧失金融账户的账号和密码。为此，通过 80 端口的数据内容组建联系，在关联数据库进行分析、比对，充分应用统一内聚的安全平台与云端数据中心支持能力，系统就会得到完整的保护。

（三）虚拟补丁

虚拟补丁可以弥补短板。从网络层获得系统和关键应用的保护，在风暴源头获得预防能力，在官方补丁发布前，主动联系、实施反馈机制，开展安全威胁预警及升级。另外，对系统漏洞进行实时扫描，使物理节点漏洞得到弥补，且安全更新请求可以在互动对话框中提出，进而杜绝安全漏洞主要依靠用户自主选择升级实现。

（四）监控完整性技术及清除检测技术

结合网络侧安全网关部署，监控完整性技术及清除检测技术清除病毒软件在客户端的监控，使病毒蔓延得到有效控制。监控文件、系统和注册表靠客户端软件实现，可以实时查询文件、目录、端口和注册表键值。阻爆技术可以对病毒和恶意软件进行及时处理。可以对可疑的行为进行监控，可疑行为一旦被发现，消除检测技术配合客户端软件阻塞计算机的端口和系统文件，同时删除病毒，病毒爆发的消息由此被发布于网络，使病毒蔓延有效中断，使得客户机收到消息后产生自动防御的行为。具体过程如下：阻爆对话框在界面上弹出，防止写入目录的选项直接选中，并且允许通信进出等选项在策略选项中选中，执行策略在软件中即刻生效，有效保证了通信业务的正常进行并防止了病毒文件的生成。

（五）技术支持

操作人员的不良习惯会导致系统存在大量安全隐患，厂商的远程技术服务就显得十分必要。此时，用户防范软件能够通过Web登录云盾服务器进行操作，通过数据分析提出改进或升级建议，并以邮件形式告知用户系统进行优化和清理的操作步骤，从而保证系统、软件、数据和用户隐私的安全。在线的技术咨询要成立专家团队，积极展开工作，及时回复用户疑难问题，直至安全问题得到满意解决。

基于云盾技术五部分的技术组件，其实际应用网络架构如图2.5所示。

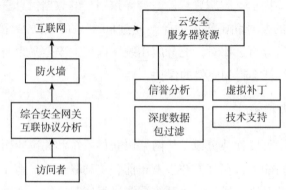

图2.5 云盾网络架构

企业和个人数据的安全性在云时代不断被强调，数据驱动信息安全技术的演变。在个人电脑、存储设备或网络中数据的存放都将变得不安全，外泄数据造成的经济损失将会很高，甚至会影响一个品牌的运营。云数据保存于云中，云中数据保密技术由此诞生，促使企业和个人加密和管理云中数据，此时，自己手中的密钥是收发数据的唯一钥匙，数据操作过程在面向外人时只是一个画面，云中的加密数据中心始终维护着实际的数据，这就好比个人的保险柜在云中虚拟，完全的数据监控、管理和保护持续运行。防止数据外泄的举措有以下三点。

①所有的物理及虚拟网络端口管理。物理接口如USB（通用串行总线）、蓝牙、红外等，网络协议接口如HTTP（万维网协议）、SMTP（简单邮件传输协议）等都能进行管理，应用任意接口或网络接口进行管理应用。

②分析敏感信息。必须全面支持特征字、表达式等目前的技术检测。能分析结构化或非结构化数据，部分或全部精确匹配文本信息，并且语种的选择不受约束。

③遵从、互动和控制。遵从模板，对社会保障证件（如身份证等）要能识别。提供提醒和咨询服务以形成有效安全执行行为。对应用程序执行授

权，对外部设备进行控制。云安全数据实施保密措施通过内置防泄露软件的客户端和防泄露管理服务器实现，其网络架构如图2.6所示。

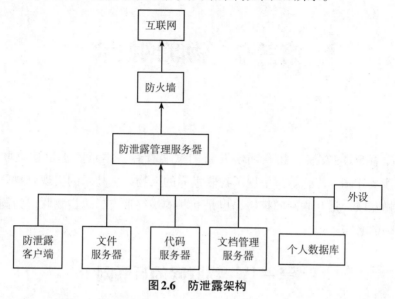

图2.6 防泄露架构

随着云计算规模发展及应用普及，在国家新基建的倡导及基金项目运作之下，各通信运营商、互联网商，以及产业链上的通信、IT相关企业得到了政府大力扶植，使得云计算的推广应用指日可待。云计算不断壮大规模发展，云安全技术也必将紧步而来，以互补拉动态势促进云计算的发展。云计算存在安全隐患，云安全解决方案在实际应用中不断升级，为云计算形成国家战略性基础设施做好了准备，新一代云安全技术也表明了人们对美好生活方式的向往和个性化安全畅享的憧憬，新信息化服务及制造企业将在安全中创造更大的经济效益及社会效益。

第三章　物联网技术

随着5G的发展，物联网焕发新的发展青春。本章着重论述物联网技术，涉及IPv6、传感等，呈现了物联世界的人物共生技术的实现。物联网涉及万物互联，是互联网的扩展，也是互联的最终形态，抢占物联成为国家发展战略的必需。

第一节　物联网的互联网

中国电信对于IPv6整体演进方案，是从下至上的，从边缘接入层逐步靠近核心，最终实现全面IPv6，为多业务以至物联网做好IP架构储备。以下介绍QoS、物联网的双高属性和高移动性IP技术在物联网中的作用。

一、QoS

QoS即服务质量。QoS的策略体现在流量类别字段和流标签字段在IPv6数据包封装结构中的应用。IPv6流标签有20个比特位，用以内容补充和扩展，以应对应用场景中物联网节点多和通信突发流量大的情况。通过流标签标识同一业务流中的数据包，以及固定流标签和IP包的五元组（如端口号、协议号），实现了区分标识单个业务流，快速处理同等QoS策略业务流，从而精确控制和动态提高应用QoS。

事物不是完美的，因此IPv6的QoS也存在一系列的安全漏洞，其功能需要不断完善，如IPv6包头中的流标签会被伪造，此类服务盗用问题是重大的安全隐患，重大机密泄露风险让人不寒而栗。为此，引入认证加密防伪和流标签冲突控制机制就显得十分必要。

二、属性

在物联网复杂的组网形态中，实现物节点的高可靠性难度很大。一是要降低物节点的开发成本，突出规模化效益，但降低成本会导致节点硬件设计简化，就很难保障硬件性能的可靠性。二是通过相互冗余实现物联网的节点可靠性，其对软件性能提出了更高的要求，市场中的推广应用容易受物节点复杂算法的限制。为此，IPv6的网络侧组播技术是一个很好的技术解决方案。具体过程为，相同的任播地址由多个物节点组成，此物节点群数据包标识此任播地址，靠近离自己最近的网络接口。这里的最近，不是指物理距离最近，而是指通过路由矢量算法的距离值最小。当最近的节点发生障碍时，此节点的距离不是最小值将会被网络中节点发现，数据包转发就会转至其他节点，流量正常的传送将会一直保持最短路由。由于网络侧的冗余实现技术，简化了物节点的设计和算法实现，与网络节点之间只需进行应答和查询路由，物联网节点间冗余机制即可实现，充分体现了IPv6的高可靠性。

IPv4应用体系中的重大缺陷就是安全，导致互联网安全一直为人所诟病，使其应用时刻处在不安全的、暴露的IT环境中。下面的场景已经成为常态：一个黑客扫描网络中的主机，存在缓存区溢出漏洞或后门漏洞的主机是必然存在的，从而控制此类主机实施了一系列疯狂攻击重要基础设施的行为。以上场景从根本上是依托IPv4地址建立通信连接进而控制主机的行为。同样在此应用场景中，物节点应用中的安全性能依靠IPv6架构和网络分层设计得到一定程度上的提高。巨大的IPv6所属节点数量，大幅增加了黑客的扫描难度，同通信接口协议栈嵌入IPS协议、加密贯穿物节点间的信息通信，黑客对通信的拦截应用中间人欺骗将不能实现，即使黑客截取物节点的重要通信内容，密码的保护也会使通信信息外泄不复存在。IPv6网络信息独成一段的地址分段设计理念，充分地体现了主动防御功能，能实时监控网络中黑客所属地址，大幅提升网络预防能力。

在安全方面IPv6性能有所提升，但目前看来，IPv6的重点还是解决物节点所需地址的数量上，深层次的矛盾解决还未涉及。深层次的安全隐患在IPv6中是存在的，诸如，安全性开展无状态地址分配、安全更新移动IPv6中的绑定缓冲和安全防护流标签等。IPv6安全性还得依靠感知的大数据处理面向场景中的行为加快安全防护设计。

三、高移动性IP技术

IPv4技术一直缺失移动性，这是IPv4建立初期未考虑移动性业务所导致的。业务的发展促使MIPv4及时补充了IP移动功能，但其架构缺陷导致技术实现产生了瓶颈，即不支持物联网中大量节点的移动需求。IPv6在此背景下纳入了IP移动的高速需求，基于MIPv4的不足，提出MIPv6的高速IP移动解决方案，应对未来物联网大密集节点IP移动。

在IPv6协议运行之前转发IP包必须要在物节点缓存中查询目的地址和绑定地址。缓存中若存在绑定地址，则直接绑定地址转发至目的节点，而不用经过转发代理查询地址实施转发。MIPv6技术中包含探测移动节点的独特技术，网络节点通告IPv6地址前缀，使移动中的物节点感知网络接口变化，进而对位置改变进行感知。移动节点会生成新的转交地址应对通告，并将新的转交地址移至移动节点原籍代理上进行注册。因此，MIPv6的业务流量能直接穿越网络到达目的节点，使得大量节点的移动变成了现实，大幅降低了网络负荷。对此MIPv4是无能为力的，其流量必须经过代理，随着大量的隧道连接导致网络负荷加重进而导致网络难以运行。诸如，高铁场景，高铁的移动中，相对静止的物节点就是传感器大群的移动，原籍代理至每一个传感节点的隧道长时间连接将会加重网络负荷。IPv6技术中的MIPv6技术使物的移动高效及简化。

迎合市场和适应市场是IP商业化的成功结果。物联网的首选寻址技术应该是IPv6，其符合物联网发展和推广需要，物联网与其天然的IP化平台架构是相得益彰的。然而，安全IPv6无状态地址分配、安全更新移动IPv6中的绑定缓冲和安全防护流标签等问题仍然存在，但IPv6在物联网中的广泛应用是商业需要及技术实现所驱动的，剩余的问题可以在实践中加紧机制研究或应用大数据等新技术得到解决。

第二节　物联网的神经网

人类文明的进步离不开信息技术的革新。目前，高速发展的信息化技术，促使人们迎接物联网等第三次信息化技术革新成果的到来。现今整个信息化产业的高新发展方向是物联网，以美国和日本为代表，率先将物联网作为国家发展战略，如"智慧地球"技术发展之类，使全球经济新走向受到了相关影响。中国后来居上，先提出了国家战略计划"感知中国"，之后提出网络强国建设及新基建建设行动计划，将物联网作为推进社会变革的新科技关键技术及产业形态，使其成为数字经济的重要组成之一。

物联网网络模型由感知层、网络层和应用层构成，物与物相连的基础是感知层的传感技术，这是物联网最底层实现的关键技术。

传感器及其组网技术由物联网感知层传感技术进行呈现，物联网的末梢是传感器，是实现感知的第一环节，由泛在网络结合接入有线或无线的方式与互联网互联而成，识别和管理物节点，由此，无处不在的计算便形成了。

当下，物联网传感技术路线有多种，经过业界探讨及实践，无线技术是当前主流物联网传感技术路线，其表现有两种：① I-RFID（智能射频识别）技术；② 融合的 MEMS（微电机系统）微传感器技术与 6LoWPAN 技术。其目的是同向的，无论实现和应用场景上两种技术有怎样不同的表现，采集传感数据、预处理传感数据和互联传感网络是不变的本质。以上两种传感技术及其具体应用案例在下面将做细致的介绍。

非接触式的自动识别技术的代表是 RFID，RFID 集成有一个简易无线电收发系统，内有阅读器和电子标签，通过射频信号（其工作频率：低频为 135 kHz 以下、高频为 13.56 MHz、超高频为 860～960 MHz、微波为 2.4 GHz 和 5.8 GHz）在阅读器和电子标签之间进行双向数据的非接触式传输，以获取相应采集数据对物节点展开识别。RFID 能识别多个物体，不依赖周围环境，易扩展空间，能较好地识别高速移动的物体。

一、I-RFID 技术

在 RFID 技术上又发展了 I-RFID 技术，其技术结构和运行原理与 RFID 基本一致，在电子标签内新增了一块智能芯片，本地预处理和计算的功能由此加载至传感器，造就了有价值的传感网。下面将 I-RFID 技术分为五个部分进行阐述。

（一）电子标签

应答器是RFID中的电子标签，由耦合器件和周围电路芯片及内置天线构成一块射频卡。与I-RFID不同的是，应答器需要一块智能芯片加载至RFID电子标签中。电子标签分无源和有源两种工作方式。其中，无源工作方式在RFID中应用较多，应用电感耦合原理使感应电势差在电子标签进入RFID无线覆盖区域的天线两端产生，一定强度的电流从而在电子标签的电路中流动，驱动电路中的芯片获得供电开展工作，电子标签中的存储器E2PROM相应执行读/写操作，物节点的编码信息被获取（物节点的编码远远小于存储器E2PROM在电子标签中的存储空间），单物品级识别由此实现。有源工作方式在I-RFID中有较多应用，综合各方面因素（如体积、功耗、成本和传输距离等）考虑，对有源工作方式通过电子标签加入智能芯片的方式实现了优化，小型电池供电应用产生了新的工作方式。超低功耗待机是"待"的含义，固定行为的周期循环是"定"的内涵。电子标签工作启动的开关作用由协调器巧妙设置实现，在智能芯片上预先写好的程序控制下实现按需工作的方式，功耗不仅降至最低，有源器件的寿命得到延长，并且对实时无用的采集信息起到了过滤作用。电子标签对协调器进行一定时间间隔的广播信号监听，若监听到信号，电子标签则立即跳转至读写器的工作频道，双向传感数据实现传输，工作任务快速完成。若没监听到信号，则休眠状态开启，周期性监听协调器的信号指令持续循环。

（二）阅读器

阅读器是由射频收发模块和DSP组成的设备，实现电子标签读/写操作。在RFID中，贯通上下的关键设备是读写器，面下A/D转换底层电子标签的射频信号，解调电子标签信息由DSP处理，电子标签的识别和读/写操作由此完成。与中间件和信息平台的应用程序进行交互属于面上，执行指令的实现和上传汇总数据，在数据上传之前，依据简单条件进行过滤和数据加工电子标签中的事件，在读写器与中间件和应用软件间进行数据交换时最大限度地降低流量。因此，集通信、控制和计算于一身是读写器未来的发展方向。

（三）天线

电子标签和读写器之间依靠天线传递射频信号。RFID天线有两种：一是电子标签天线；二是读写器天线。内置在电子标签电路中的天线是电子标签天线。天线既可内置读写器，自身射频输出端口与外置天线又可以相连接。天线技术很复杂，但在市场上被人忽略。天线与电子标签识别范围有直接关系，除阻抗匹配良好的特性外，还具有方向性、极化性和频率性，要根据具体环境应用特点开展设计。

（四）中间件

EPC（电子产品编码）是解析中间件的关键概念，EPC是结合互联网和RFID的产物，每个物节点相对应的唯一标识由全球唯一标识编码系统标记，由此构建实时共享的实物互联网遍布全球范围，物流控制和物流配置在全球范围内的应用具有重大意义。实现这一应用的关键性难题是EPC与阅读器之间的数据传送和管理，支持解决这一难题的方案就是采用中间件。中间件就是虚拟层，搭建了EPC和阅读器之间的桥梁，利用模块化Savant（分布式网络软件）的软件，使数据传送、过滤和格式转换功能在RFID硬件与应用系统之间得以实现，将各种存放在阅读器中的数据信息提取、解密、过滤和转换格式后，进入应用系统的管理信息平台，显示在应用系统前端，并将操作结果反馈至信息管理员。同时，应用系统开发的难度因中间件技术而有所降低，软件底层架构不需要进行开发，中间件直接开发并调用即可，良好的兼容和扩展性令人欣喜。在具体应用Savant过程中，对阅读器中的冗余数据进行了过滤，避免重复信息的出现，最终数据传送的完成依靠JAVA的消息服务通过搭建Savant与应用程序间的传送数据平台实现。

（五）应用程序

应用程序是面向用户的可视化操作交互软件平台，协助操作者完成指令下发和中间件的逻辑设置，用户可理解的业务事件由RFID的原始数据整合形成，在屏幕上显示输出结果。在应用系统上尚无统一标准，用户需求是开发导向，验证应用系统成功与否，其用户的体验是关键。

结合前文I-RFID的五部分构成实现的工作原理，通过下面这个智能交通管理实例可以进行全方位的物联网应用展示，其交管平台的系统如图3.1所示。

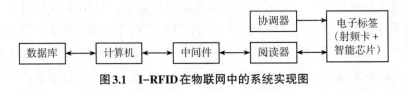

图3.1　I-RFID在物联网中的系统实现图

　　管理在道路上行驶的车辆是交通管理的核心内容。首先，将I-RFID电子标签安装在车辆上，小型化电子标签是必需的，类似5号电池且防掉落的供电装置是有源器件动力的来源，其数百米（500 m及以上）双向通信距离范围必须达到。其次，给I-RFID电子标签设置唯一的ID号，再将协调器和阅读器布放于路口，为了避免两个设备相互干扰，必须区分工作频段。处理多个电子标签信息由阅读量执行，应对车流高峰期要具备每秒钟30个的处理能力，相应的工作频道也多为几十个。最后，将车辆流量信息利用阅读器以有线或无线的方式通过中间件传输至应用系统，交通的管制和优化得以完成。

　　监控平台建设完成后，路口协调器的广播信号将以固定时间间隔（1 s左右）由I-RFID电子标签监听，若广播信号中的指令被监听到，路口阅读器建立工作频道连接，继而双向传输传感数据，路口的阅读器收到电子标签ID及上一个路口阅读器ID的信息后，再加上本路口位置和时间信息直接传输至应用系统，车辆的行驶方向信息在应用系统中形成，各路口及路段的交通流量情况在系统屏幕上实时显示，便于精准开展交通疏导和管理。若电子标签没监听到协调器的广播信号，会直接休眠，转而周期性监听协调器信号指令。

二、MEMS技术

　　另一种传感技术是微电机系统，又称MEMS，这是由集成半导体电路微加工和超精密加工演变而来的技术，这种高新纳米级技术，也是多学科交叉和边缘化的结果。微型机构、微型传感器、微型执行器和相应的处理电路构成了MEMS，作为多种微细加工技术的集合，在现代信息技术的高科技前沿阵地中有着广泛的应用。

MEMS技术的优势：在物联网的传感器件中应用能相得益彰，其物联网系统模型如图3.2所示。

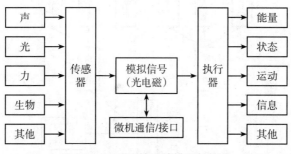

图3.2　MEMS的系统模型结构图

从图3.2的信号检测来源可以看出，MEMS传感技术在探测环境中特殊物理量方面具有天然优势，对于空间角度等复杂物理量的探测也能轻松完成。

三、6LoWPAN技术

在IPv6基础之上发展了低功耗无线接入网技术标准6LoWPAN，这是IP与工业领域应用的产物，目前已有一定规模。IEEE802.15.4标准是6LoWPAN的前身，移动智能终端应用其标准容易实现低功耗标准，认证和安全补充了其安全性，采用AES-128加密支持为无线低功耗传输上了一把锁。

由于下一代互联网IPv6是物联网网络平台的构建基础，地址容量大、无状态地址配置和高速群移动性支持是IPv6的主要特征，这些特征同样适用于物联网，以构建同一个生态系统。IPv6的压缩技术应用在LR-WPAN（低速无线局域网）节点，使物联网的感知层拥有了较好的技术基础。

6LoWPAN的原理如下：127字节的最大帧长度所属IEEE802.15.4标准定义，25字节是MAC头部的最大长度，102字节是MAC信息负荷的最大长度。这导致IPv6的数据包不能完整地封装至IEEE802.15.4帧，因为IPv6的MAC最大载荷是1280字节。这里引入适配层成了必需，适配层在网络层与MAC层之间，IEEE802.15.4帧与IPv6帧转换过程也是数据包进行分片和重组的实现过程。

信息化技术发展验证了MEMS微传感器技术与6LoWPAN技术的结合是可行的，信息化技术发展的方向将是技术融合，物联网中应用这两种技术的结合搭建倾角探测系统监测特定物理量的示例如图3.3所示。

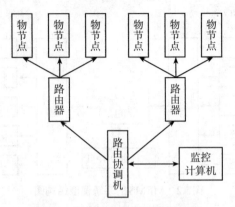

图3.3　无线倾角探测系统网络图

特殊交通安全领域需要无线倾角探测系统，如以丘陵地形为主的重庆、四川地区，人们乘坐高架缆车出行显得很便捷，但存在一定的安全隐患。应用MEMS技术，缆车倾角通过无线倾角探测系统的监测，实时上报超警戒角度告警，在信息管理人员的组织下现场人员可以快速启动缆车应急安全预案。

应用MEMS技术至无线探测倾角系统的探测节点有以下三点。首先，将其安装在缆车上，开展缆车的俯仰角和滚转角探测，以采集相应的检测数据。其次，应用6LoWPAN技术至探测节点及路由节点（将其安装在支架塔上）开展无线组网，组网要求与6LoWPAN技术相匹配。最后，6LoWPAN路由节点间多跳转发探测数据至路由协调器，由其传输至信息平台应用系统。

中国政府引导5G产业快速发展，加快了物联网传感技术的发展，物联网商用进程大幅提速。尽管RFID中间件的复杂事件逻辑分析功能尚需完善，6LoWPAN安全认证机制还不成熟，但新型传感技术的巨大潜力已经凸显。物联网将使人们的生活方式充满便捷性及趣味性，智能化的社会感知将为人们的舒适生活提供无限可能，这对信息化服务企业也是一次机遇，在时代机遇下启动创新驱动科技力量，在以5G推进的物联网浪潮中获得更大的经济效益及创造更大的社会服务价值。

第二篇　信息化应用

第四章　商务信息化技术应用

第一节　基本概念

一、信息、商务信息定义

（一）信息

一般来说，信息是加工后的数据，是一种经过选择、分析、综合处理后的数据，它能够使用户更清楚地了解正在发生的事情。如果说数据是原材料，信息就是加工后得到的产品，是数据要表达的内容。

信息是由实体、属性、值所构成的三元组。

（二）商务信息

商务信息是指企业在经营活动过程中所需要的一些有用的资料、数据、情报等。

二、商务信息特征

商务信息是特殊的商品，从企业经营管理的角度来看，商务信息具有以下重要的特征。

1. 真实性

真实性是商务信息的第一特征，不符合事实的信息是没有价值的。

2. 价值性

商务信息是企业创造利润的要素。商务信息的价值性是指人们利用信息可以获得效益，因此，信息也是一种资源。

3. 不对称性

由于各种原因的限制（如专业知识、市场需求、制作技术等），在市场中交易的双方所掌握的信息极不相等，且不同的企业掌握信息的程度各有不同，这就形成了商务信息的不对称性。

4. 滞后性

商务信息滞后于数据，信息的滞后时间包括信息的间隔时间和加工时间。

（1）信息的间隔时间是指获取同一信息的必要间隔时间。例如，企业"每季度的经营成本"这个信息，只有在每季度结束时才能获取，因此，"每季度的经营成本"这个信息的间隔时间是一季度。

（2）信息的加工时间是指进行数据加工所需要的时间。例如，"每季度的经营成本"这个信息，采用手工计算方式，需要一个人用一天时间才能完成，那么"每季度的经营成本"信息的加工时间为一个人一天，但采用计算机加工"每季度的经营成本"这个信息需要的时间不到一秒钟。

使用信息技术的一个基本目标就是缩短信息的加工时间，减少它的滞后性。

5. 时效性

商务信息的价值性只表现在一定的时间内。在信息的有效期内，利用商务信息能产生效益；过了这个时段，商务信息就不会产生效益。

6. 传输性

商务信息可以从一个地方传输到其他若干个地方，利用商务信息化技术，信息以比特流的形式存储，可以更快速、更便利地在世界范围内传输。

7. 共享性

自然界中的资源和人类社会中的资源，如各种矿产、水资源、人力、资金等，在同一时间是不可以共享的。然而，商务信息则不同，它具有共享性，不具有独占性，在同一时间可以为多人所掌握。

8. 可扩散性

由于商务信息的传输性，商务信息可以通过各种介质向外扩散。商务信息的扩散具有正负两种效应：正效应会利于知识的传播，节省人力、节省资金等资源的消耗，如同我们从前人那里获取知识；负效应会造成商务信息的贬值，不利于商务信息的保密。

9. 隐形性

商务信息只有与其他事务相结合才能产生效益，因而商务信息产生的效益具有隐形性。

10. 相对性

商务信息的内容时时都在更新，因而商务信息的价值具有相对性，信息利用要与信息变化相适应。

相对于传统商务信息来说，网络商务信息具有时效性强、准确性高、便于存储的特点。对于现代商务企业来说，如果把人才比作商务企业的支柱，商务信息则可被看作企业的生命，是企业不可或缺的法宝。商务信息不仅是企业制定产品营销决策和生产计划的基础，而且对于企业的战略管理、市场研究及新产品开发都有着极为重要的作用。

三、商务信息在企业经营管理中的作用

（一）商务信息是企业不可缺少的资源

人、财、物、技术、设备和信息是企业的六大资源。企业通过商务信息对其他五大资源进行控制，达到管理的目的，因此信息是最重要的资源。

（二）商务信息是企业制定决策的依据

计划决策就是确定企业经营活动和发展的目标。要使制定的目标符合实际且正确可行，就要以大量可靠的商务信息为依据。

（三）商务信息是对生产和经营过程进行有效控制的工具

生产和经营活动中的商流、物流与信息流是紧密相关的。企业管理者利用商务信息流控制物品、资金流动的时间、方向、大小和速率，即利用商务信息流控制商流和物流的运作。商务信息流的双向作用使管理决策者得到终端客户的反馈信息，及时响应客户需求。畅通、准确、及时的商务信息，从根本上保证了商流和物流的高质量和高效率。

（四）商务信息是保证企业各个方面有序活动的组织手段

企业是一个系统，每个职能部门都是一个子系统，子系统下又设分系统和岗位。对于这些系统、子系统和岗位，要靠信息将它们有机地联系起来，并组织、协调好它们之间的管理和业务活动。

四、商务信息化概念与特征

（一）信息化、商务信息化定义

1. 信息化

信息化是以信息资源开发利用为核心，以信息技术（包括计算机、网络、通信等）为依托的一种新技术的扩散过程。

中国的信息化可分为政府信息化、企业信息化、教育信息化、商务信息化和生活信息化。

2. 商务信息化

商务信息化是指在商务活动中广泛利用信息设备和技术，有效地开发和利用信息资源，促进流通领域的科技进步，推动商务经营模式、管理理念、营销方式的根本变革，推进商务现代化，使企业的商务活动走向信息时代的高标准、低成本、高效率和高效益，在信息经济中发挥更大作用。

（二）商务信息化特征

商务信息化是借助数字化手段实现商品和服务交易过程，先进的技术支持系统为企业的国际化发展提供了新的契机。商务信息化具有开发性、全球性、实时互动性、方便安全、统筹兼顾、成本低等优势。与传统的经营方式相比，其具有以下六个特点。

（1）传递数字化。使商品从生产、销售、交易到消费实现了快速、准确、双向交流，精简了流通环节。

（2）增加销售机会。企业可以通过自己的网站收集访问顾客的资料，建立顾客数据库，有针对性地进行销售。首先，网络可以针对特定顾客的特点进行一对一销售，能够比较容易地获得顾客的个人资料。其次，可根据顾客的消费偏好进行有针对性的促销，激发消费者潜在购买欲望。

（3）成本大大降低。网络贸易没有库存压力，不需要批发商、专卖店和商场，客户通过网络直接从厂家订购产品，节省购物时间，增加客户选择余地。虚拟商店货架的商品通过多媒体方式介绍，并随时接受消费者查询。商务信息化通过网络为各种消费需求提供广泛的选择余地，可以使客户足不出户便能购买到满意的商品。

（4）支付手段电子化。各金融机构通过电子数据交换（electronic data interchange，EDI）系统进行支付、结算，消费者使用信用卡、智能卡、电子支票即可加速资金流通。商务信息化中的资金周转无须在银行以外的客户、批发商、商场等之间进行，而直接通过网络在银行内部账户之间进行，大大加快了资金周转速度，同时减少了商业纠纷。

（5）商流、物流、信息流融于一身。网络服务器随时收集客户要求，并自动汇入信息数据库。客户可以通过网络说明自己的需求，订购自己喜欢的产品；厂商则可以很快地了解客户需求，避免生产上的浪费，从而为客户提供更有效的服务。

（6）提高了综合竞争能力。商务信息化高效、方便、直观、低成本、高产出的特点，决定了其比传统商务具有明显的竞争优势，在跨国贸易中显得更为重要。同时刺激企业间的联合和竞争，企业之间可以通过网络了解对手的产品性能与价格，以及销售量等信息，从而促进企业创新技术，提高产品竞争力。

五、商务信息化技术概念与分类

（一）商务信息化技术概念

1. 信息技术定义

对信息技术的定义，因其使用目的、范围和层次的不同而有不同的表述。

（1）信息技术是获取、存储、传递、处理分析，以及使信息标准化的技术。

（2）信息技术包含通信、计算机与计算机语言、计算机游戏、电子技术、光纤技术等。

（3）信息技术是指在计算机和通信技术支持下用以获取、加工、存储、变换、显示和传输文字、数值、图像及声音信息，包括提供设备和提供信息服务两大方面的方法与设备的总称。

（4）现代信息技术以计算机技术、微电子技术和通信技术为特征。

2. 商务信息化技术定义

商务信息化技术采用现代信息技术手段，以通信网络和计算机装置替代传统交易过程中纸介质信息载体的存储、传递、统计、发布等环节，将买方、卖方、合作方和中介方等联结起来并进行各种各样商务活动，从而实现商品和服务交易管理等活动的全过程。商务信息化技术主要以EDI和Internet来完成。随着Internet技术的日益成熟，商务信息化技术的发展越来越成熟。

从贸易活动的角度分析，可以将商务信息化技术分为两个层次：一是较低层次的商务信息化技术，如电子商情、电子贸易、电子合同等；二是最完整的，也是最高级的商务信息化技术，是利用Internet进行全部的贸易活动，即在网上将信息流、商流、资金流和部分物流完整地实现，也就是说寻找客户、广告宣传、咨询洽谈、商品订购、网上支付、电子发票、电子报关、电子纳税、售后服务、交易管理、合作中介等都通过Internet完成。

要实现完整的商务信息化技术还涉及很多方面，除了买家、卖家外，还会涉及银行或金融机构、政府机构，以及税务、海关、配送中心等机构。由于参与商务信息化中的各方互未谋面，因此，在整个商务信息化过程中，网上银行、在线支付、数据加密、电子签名等技术发挥着重要的作用。

迄今为止，对商务信息化技术还没有一个统一、明确的定义。综合各方面的看法，结合我国商务信息化技术的实践，对商务信息化技术应从以下三个方面来理解。

（1）商务信息化技术是一种采用先进信息技术的买卖方式。交易各方将自己的各类供求意愿按照一定的格式输入商务网站，商务网站就会根据用户的要求，寻找相关信息并提供给用户多种买卖选择。一旦用户确认，商务网站就会协助完成合同的签订、分类、传递和款项收付等全套业务。这就为买卖双方提供了一条非常好的交易途径。

（2）商务信息化技术实质上形成了一个虚拟的市场交换场所。它能够克服时空和地域的局限，实时地为用户提供各类商品和服务的供应量、需求量、发展状况及买卖双方的详细情况，从而使买卖双方能够更方便地研究市场，更准确地了解和把握市场。

（3）对商务信息化技术的理解，应从"现代信息技术"和"商务"两个方面考虑。一方面，"商务信息化技术"概念所包括的"现代信息技术"应涵盖各种以电子技术为基础的通信方式；另一方面，对"商务"一词应作广义解释，使其包括不论是契约型或是非契约型的一切商务性质的关系所引起的种种事项。如果将"现代信息技术"看作一个子集，"商务"看作一个子集，商务信息化技术所覆盖的范围应当是这两个子集所形成的交集，即"商务信息化技术"标题下可能广泛涉及的互联网、内部网和电子数据交换在贸易方面的各种用途。

归纳起来，随着Internet技术和电子技术的发展，信息技术逐渐被引入商贸活动中，产生了商务信息化技术。商务信息化技术是通过电子手段建立的一种新的经济秩序，它不仅涉及电子技术和商业贸易本身，而且涉及金融、税务、教育等社会其他层面，还有具有各种商业活动能力的实体。例如生产企业、商贸企业、金融机构、政府机构、个人消费者等利用网络和先进的数字化传媒技术进行的各种商业贸易活动。

（二）商务信息化技术分类

与商务信息化技术紧密相关的实现技术可分为以下五类，每一类都含有丰富的内容。

1. 计算机技术

计算机技术是实现商务信息技术化的最基本技术，包括计算机硬件技术和软件技术。计算机硬件包括CPU、主板、硬盘、内存及电源等。其总的发展方向是提高计算机系统的应用性能和智能水平。

计算机软件主要包括。

① 系统软件，如操作系统（OS）、网络操作系统（NOS）等。

② 支撑软件，如数据库管理系统（DBMS）等。

③ 工具软件，如各种开发工具、网络编程语言等。

④ 应用软件，如办公自动化系统（OA）、管理信息系统（MIS）、决策支持系统（DSS）、企业资源规划系统（ERP）等。

2. 信息安全技术

信息安全技术主要包括各种计算机病毒防治技术、网络防火墙技术、检测攻击与数据恢复技术、数字签名技术、身份认证技术、电子支付技术等。

3. EDI 技术

EDI 是英文 electronic data interchange 的缩写，可译为电子数据交换，也称电子数据贸易或无纸贸易。EDI 将贸易、生产、运输、保险、金融和海关等行业的商务文件，按照国际统一的语法规则进行处理，使其符合国际标准格式，并通过通信网络来进行数据交换，是一种用计算机进行商务处理的新方式。它利用存储转发方式将贸易过程中的订货单、发票、提货单、海关申报单、进出口许可证、货运单等数据以标准化格式，通过计算机和通信网络进行传递、交换、处理，代替了贸易、运输、保险、银行、海关、商检等行业间人工处理信息、邮递互换单证的方式，使交易行为更加快速、安全和高效。

经过几十年的发展与完善，EDI 作为一种全球性的具有巨大商业价值的电子化贸易手段，具有缩短交易时间、加速资金流通、提高办公效率等优点。

4. 通信技术

通信技术的发展也极大地提高了商务信息化的水平。主要的通信技术有如下几种。

① 各种网络的交换技术。如公共电话交换网（PSTN）技术、数字数据网络（DDN）技术、甚小口径卫星地面站（VAST）技术等。

② 计算机网络应用技术。如 Internet，Intranet，Extranet，Web 等技术。

③ 网络接入技术。如局域网（LAN）技术、非对称用户线路（ADSL）技术、有线调制解调器（Cable Modem）技术、光纤接入技术等。

④ 射频技术。应用于相对较小的范围内，一般在配送中心和仓库内使用得较为广泛。例如，叉车驾驶员和订单选择员进行实时通信，射频技术可以使叉车驾驶员获得实时指示，而不是在一段时间之前打印出来的书面指示，从而可以使作业的灵活性增强，成本降低，服务的质量得到提升。

⑤ 卫星技术。可以在一个广阔的地域范围内产生作用，利用卫星通信技术开发的全球定位系统能够实现对货车的调度和货物的追踪管理。只要在货车的车顶上装一个通信盒，便能实现驾驶员和总部之间的实时通信，总部能够通过卫星定位知道货车的实时位置，并将这一信息更新到数据库中，使得客户能够随时通过网络或电话了解到货物目前所处的位置，提高了服务水平，同时能够对货物需求和车辆拥挤的状况做出积极的反应。

5. 条码技术

条码技术作为自动化识别技术，能够快速、准确、可靠地收集信息，实现入库、销售、仓储的自动化管理。

企业运用条码技术，并借助先进的扫描技术、POS系统及EDI技术，能够对产品实现跟踪，获得实时数据，做出迅速、有效的反应，同时减少了不确定性，去除了缓冲库存，提高了服务水平。条码技术也是实现有效客户反应（ECR）、连续补充（CR）、自动化补充（AR）等供应链管理策略的前提和基础。目前，条码技术在零售、生产领域得到了广泛的应用，并取得了显著的经济效益。

第二节　实务流程

商务操作流程是企业在从事一个商贸过程中的具体操作步骤和处理过程。这一过程按照操作对象可进一步划分为：事物流，即商务交易过程中的所有单据和事物操作的过程；物流，即商品的流动；资金流，反映的是交易过程中资金在买卖双方之间的流动；信息流，反映的是交易过程中不同阶段所得到的不同信息。传统的商务活动中大多比较注重事物流、物流和资金流的情况，而在商务信息化技术中主要处理的将是一个取代事物流、资金流，并反映物流过程的信息流，即商务信息的收集、储存与整理、发布与利用。

一、商务信息收集

商务信息收集是指对商务信息的寻找和调取工作。这是一种有目的、有步骤地从各个网络站点查找和获取信息的行为。一个完整的企业网络商务信息收集系统包括先进的网络检索设备、科学的信息收集方法和精通业务的网络信息检索员。商务信息的收集要求及时、准确、适度和经济。

（一）商务信息浏览方法

1. 利用地址栏

利用地址栏是打开站点或页面最基本的方法，就是在浏览器地址栏中直接输入网站或网页地址，具体有以下三种类型。

（1）输入域名（网址）。

（2）输入IP地址。

（3）输入"网络实名"。

2. 使用超链接

（1）IE浏览器主页的设置。用户一般将经常浏览的网页设为主页，以便直接进入该页面。

（2）使用超链接。从主页出发，一层层浏览下去，便可漫游整个Internet世界。

当浏览的页面很多时，也可使用工具栏上的"后退""前进""主页"等按钮实现返回前页、转入后页、返回主页等浏览功能。

3. 浏览"历史"网页

"历史"网页是指用户曾经使用该浏览器浏览过的网页。

（1）历史记录保留天数的设置。可根据需要设置某网页保存在历史记录中的天数。

（2）"历史"网页的浏览。一是直接点击浏览器地址栏右边的向下箭头，在弹开的菜单中选择要浏览的网页；二是点击工具栏中的历史按钮，即可找到最近浏览过的网页地址并进入该网页。

（二）商务信息采集

1. 利用搜索引擎查找资料

搜索引擎是Internet上使用最普遍的网络信息检索工具。在Internet上，无论想要什么样的信息，都可以使用搜索引擎来查找。目前，几乎所有的搜索引擎都有两种检索功能，即主题检索和关键词检索。

2. 访问相关网站收集资料

如果知道某一专题的信息主要集中在哪些网站，可以直接访问这些网站，获得所需资料。与传统媒体的经济信息相比，网上市场行情一般数据全、实时性强。可访问如下网站。

（1）环球资源。网址：http://www.globalsources.com，其强大的搜索引擎分为三大类：产品搜索、供应商搜索和全球搜索。

（2）阿里巴巴。阿里巴巴是中国互联网商业先驱，该网站提供的商业市场信息检索服务分为三个方面：商业机会、公司库和样品库。

（3）专业调查网站。例如，中文调查网引擎、中国商务在线的"市场调查与分析"等。

3. 利用相关网上数据库查找资料

在 Internet 上，除了借助搜索引擎和直接访问有关网站收集市场资料外，第三种方法就是利用相关的网上数据库（即 Web 版数据库），如著名的 USPatent（美国专利）、CA（Chemical Abstracts，化学文摘）等。

4. 利用电子邮件收集客户信息

操作步骤有以下四点。

（1）获得客户的电子邮件地址。

（2）制作网上调查问卷。

（3）通过电子邮件向客户派发。

（4）在自己的信箱中，接收客户反馈信息、汇集反馈邮件，并计算问卷返回比例。

利用电子邮件收集客户信息具有针对性强、费用低的特点。它可以针对具体某一个人征集特定信息，而且商务信息内容不受限制。

二、商务信息储存与整理

从 Internet 上获得的信息非常多，并且最初都是杂乱无章的，甚至还有一些信息是无用的。为了从中选出有用的信息并加以利用，就需要对这些信息进行加工整理。

（一）商务信息储存

商务信息储存就是把大量的信息用适当的方法保存起来，为进一步加工、处理和利用这些信息打好基础。储存信息的方法主要是根据信息提取的频率和数量建立一套适合需求的信息库系统。

信息的储存可以分为以下几个方面。

1. 网页中的图片

很多网页中都有一些精美的图片，有些甚至是动态的图片，可以将需要的图片保存在自己的磁盘上，也可以通过剪贴板复制到文档中。

2. 网页背景

将背景作为图片保存的方法与保存普通图片相同，也可以把复制到剪贴板上的背景粘贴到文档中。

3. 网页中的文本

在页面中选中要保存的文本内容，复制、粘贴到目标位置即可。

4. 整个网页

IE 的收藏夹是用于保存网页的快捷方式，并且收藏夹也可以进行整理，整理的方法和硬盘管理基本相同。

5. 软件下载

在 Internet 的资源库中，有相当一部分资源是存储在服务器中的免费软件，可以通过下载将其保存，以便之后使用。

（二）商务信息整理

商务信息整理是将获取和储存的信息条理化和有序化的工作，其目的在于提高商务信息的价值和使用效率，防止库中的信息滞留，发掘所储存信息内部新的联系，为商务信息的加工做好准备。

收集和储存的信息往往是零散的、不完整的，不能反映商务活动的全貌，甚至还有一些是过时的或无用的，通过对这些信息进行合理的分类、组合、整理，使其成为全面、有效的信息。具体步骤有以下四点。

1. 明确商务信息来源

储存商务信息时，如果不保存确切的信息来源，就会给以后的信息查询带来不便，尤其对一些重要的商务信息，一定要注明准确的信息来源。

2. 重新为商务信息命名

从 Internet 上在线下载的信息，由于时间的限制，一般都沿用网站提供的原有文件名。这些文件名基本上都是由数字或字母组成的，使用起来很不方便，并且容易混淆。因此，从网上下载的商务信息应重新命名，使文件名与内容相符，便于以后查阅使用。

3. 为商务信息分类

从 Internet 上收集的商务信息杂乱无章，应先对其进行分类，既可以采用专题分类法，也可以建立自己的检索系统。对于不同的商务信息可以分类保存，并建立相应的文件夹，需要时可以根据类别随时调用。

4. 初步筛选

在对商务信息进行浏览和分类过程中，需要对大量的信息进行初步筛选，完全没有用的信息应及时删除。但要注意，有些信息单独看起来是没有用的，积累起来就有价值了。例如，关于市场销售趋势的信息必定是在数据的长期积累和一定程度的整理后才能表现出来的。还有一些信息是相互矛盾的，这就需要对这些信息的来源进行分析，以确定信息的准确性。

（三）商务信息加工处理

商务信息加工处理是将各种有关的商务信息进行比较分析，并以自己企业的目标为基本参照点，发挥人的才智，进行综合设计，形成新的信息产品，如市场调查报告、营销策划、人事安排等。商务信息加工的目的是进一步改变或改进企业的现实运行状况，使其向着目标状态运行，因此，商务信息加工处理是一个信息再创造过程。它不是停留在原有信息的水平上，而是通过智慧的参与，加工出能帮助人们了解和控制下一步计划的程序、方法和模型等商务信息产品。

商务信息加工处理的方式主要有两种，即人工处理和机器处理。人工处理是指由人脑，包括专家和专家团进行商务信息处理；机器处理是指通过计算机进行商务信息处理。两种方式各有优劣，人脑的神经系统可以识别和接收多种多样的明确信息和模糊信息。大脑具有丰富的想象力和创造力，专家可以把握极广泛的知识，并可以在处理中合理地加入一定的人情因素。这是计算机所不及的，但是计算机有强大的计算能力，速度和准确性要大大超过人脑，采用人机结合的方式是处理商务信息最好的办法。

三、商务信息发布与利用

对商务信息的收集、储存、加工、整理和发布等一切活动的最终目的就在于利用。所谓商务信息的利用，就是把商务信息资源用于企业的经营决策和管理中，使商务信息资源为企业带来经济效益和社会效益。

（一）商务信息发布

收集到的商务信息经过储存、加工和整理后，可以通过Internet发布到世界各地，即通过网络广告传播出去。网络广告是指在Internet上发布的以数字代码为载体的各种经营性广告，它是主要以付费方式运用网络媒体说服公众的一种信息传播活动。在网络上发布广告的方式有很多种，企业在投放网络广告时要根据人力、物力、财力，先易后难，循序渐进，合理选择网络广告的组合方式。

目前，应用比较广泛的网络广告方式有以下七种。

1. 在别人的WWW网站上发布广告

这是目前最重要、最有效的网络广告方式。媒体提供者多为访问率比较高的搜索引擎或信息内容提供商，如百度等。具体方法有设置标牌广告或图标广告、合办或协办站点、对网站的某些栏目提供赞助、建立Text文字链接和设计Micro（Mini）站点等。

2. 建立自己的WWW网站

建立自己的网站是一种常见的网络广告形式，同时企业网站本身就是一个"活"的广告。但企业的WWW网站不能只提供广告信息，而要建成一种有企业自身形象的网页，能提供一些非广告的信息，能给访问者带来其他利益，如可供下载的软件、访问者感兴趣的新闻等。

企业建立自己的网站有三种方法。一是企业自己建立自己的网站，申请自己独立的域名，但这种方法投入比较大，需要专门的网络技术人员进行维护和更新。二是付一定的费用给虚拟主机提供商，虚拟主机用户只需对自己的信息进行维护即可，无须对硬件及通信线路进行维护，可节省企业大量的人力、物力、财力。三是服务器托管，即租用网络供应商机架位置，建立企业Web服务系统，将企业的主机放置在网络服务商的通信机房内，由网络服务商分配IP地址并提供必要的维护，企业自主进行主机内部的系统维护及数据更新。此方式可节省大量的初期投资及日常维护费用，同时每月租费相对固定，便于企业控制支出。

3. 使用电子邮件广告

广告主可以建立自己的电子邮件列表（mailing list）或购买别人的邮件组，定期向这个邮件组发送广告信息。电子邮件广告类似于邮寄广告，但具有成本低、针对性强、信息发布和反馈速度快的优点。发送电子邮件广告切记不要引起受众的反感，以免使企业信誉受到损失，失去大批现有和潜在的顾客。

4. 使用新闻组（News Group）

在Usenet（新闻论坛）系统中的News Group中发布广告信息也是一种好办法。Usenet是由众多在线讨论组组成的。虽然在Usenet上存在着拒绝广告的传统观念，但是仍然可以采用一些Usenet上可以接受的方式和方法开展广告活动。Usenet是按照主题来划分组的，企业可以选择与讨论主题相符的网站发布一些通知、短评、介绍，以提供了解某个产品或服务更详细信息的线索，但绝不能让参与者认为是纯粹的广告，这样才能被大多数网民所接受。发布这种信息的主要目的是宣传网址，因此，一定要注明电话、传真、电子邮件地址和网址，而且要把网址放在突出位置加以宣传。

在 Usenet 中发布广告信息的方式主要有三种：第一种是在某个组中单独挑起一个话题，吸引预定的受众对象加入；第二种是选择一个正好与你相关的话题，巧妙地将自己的广告信息有机地融入其中；第三种是选择某个组的适当位置单纯地粘贴广告。无论选用何种方式，一定要根据广告信息的主题选择新闻组，并且要注意技巧，以免引起新闻组其他成员的不满。

5. 使用 IP 电话

IP 电话的传输方式是借助网点服务器或电脑软件将语言信号转化为数字信号在 Internet 上传输。它相对于普通电话的巨大优势就是费用低廉，既能节省话费，又提供了发布广告信息的新途径。但使用 IP 电话仍有一些缺陷尚待克服，例如通话质量问题和通话双方必须同时在线。

6. 使用网上传真发布广告

网上传真是通过 Internet 将传真件发送到普通传真机上或对方的 E-mail 信箱中的服务。它的开通提供了价廉、便利和灵活的通信方式，尤其遇到对方不在或占线时，使用网上传真更为便利。

7. 使用电子公告牌（BBS）

不同的电子公告牌可以提供新闻讨论、下载软件、玩在线游戏或与他人聊天等功能。企业可以通过 Telnet 或 Web 的方式在电子公告栏发布广告信息。电子公告牌上的信息量虽然少，但针对性强，适合行业性很强的企业。

此外，还可以利用公共网站的公共黄页、行业名录、新闻传播网、网上报纸与杂志等发布企业的广告信息。

（二）商务信息利用

21 世纪是真正的信息时代，商务信息是企业经营不可缺少的要素，"信息是企业的生命"已成为企业的至理名言。企业的健康发展依赖于正确的经营决策，而信息是制订决策的依据。从某种意义上说，企业的经营过程实质上是信息、决策、执行等循环往复的过程，每个循环周期便是一个经营活动周期。

在市场经济条件下，市场竞争日趋激烈，企业必须及时捕捉瞬息万变的商务信息，才能审时度势，作出正确的经营决策，赢得经营主动权，从而提高企业的经济效益。因此，商务信息日益成为企业的资源和致富的源泉。

1. 商务信息在企业经营决策中的应用

商务信息是管理者认识管理对象的一种媒介，它可以帮助管理者了解管理对象的过去情况和现状，从而认识其变化规律、预测其未来变化。管理者借助商务信息的流通直接或间接地使企业各种经营要素得以和谐地组合，大大促进了企业生产经营活动的顺利进行。

2. 商务信息在企业管理控制中的应用

控制是管理的基本职能之一，计划、组织是控制的前提。控制就是把企业生产和经营管理活动约束在本企业计划目标所要求的轨道之上，如果有偏差，则采取调整措施，以确保目标的实现。

企业管理过程的控制是一个复杂、多层次、多因素的控制过程，其控制内容一般可分为因素控制、要素控制和过程控制等。所谓因素控制，是指对影响企业管理主要因素的控制，如数量控制（包括产品数量、销售数量、资金占用数量、劳动力占用数量等）、质量控制（包括产品质量、工作质量、服务质量、品种结构、差错率等）、时间控制（包括生产与工作进度、商品与资金周转速度等）、成本控制（包括生产成本、进货成本、费用水平、价格水平等）。所谓要素控制，是指对企业内部经营管理要素的控制，如人员控制、资金控制、信息控制等。所谓过程控制，是指对企业生产与经营过程动态运行的控制（包括进度控制、质量跟踪控制等）。

3. 商务信息在企业营销中的应用

20世纪90年代以来，随着计算机技术、通信技术的日益发展与融合，特别是Internet在一系列技术突破支持下的广泛应用和日益完善，信息技术革命的影响已由纯科技领域向市场竞争和企业管理各领域全面转变。这一转变直接对企业市场营销管理中的传统观念和行为产生巨大的冲击。

信息技术的广泛运用有利于企业实现市场网络建设的低成本扩张。市场网络的扩张对企业销售量增长的推动作用是毋庸置疑的。传统的市场是一个受地理条件和交通工具限制的二维市场，构建市场网络需要耗费大量成本，因而传统营销观念特别强调目标市场的选择，试图以极小的市场网络建设成本获得大量的销售收入，但这在企业营销实践中受到了极大的限制。信息技术革命带来的信息传递和资源共享突破了原有的时间观念和空间界限。在这种情况下，企业无论大小，只需花费极低的成本就可以通过Internet构建自己的全球贸易网，成为市场全球化的跨国企业。

4. 商务信息在企业竞争情报中的应用

竞争情报是21世纪企业最重要的竞争工具之一，它是20世纪90年代中期迅速发展起来的。它可以充当企业的预警系统、决策支持系统和学习工具。

第三节 应用发展

21世纪是一个数字化的世纪，网络化、全球化成为世界经济发展的必然趋势。在数字化时代，谁最先拥有先进的数字技术，谁就将拥有成功、拥有未来。Internet将我们引入了全球的虚拟市场，它造就了数字化的生存环境，造就了商务信息化和经济一体化。在网络环境下，时间和空间的概念、市场的性质，以及消费者的需求、愿望和行为都发生了巨大的变化。如何适应这种变化？需要调整企业的经营战略，建立网上的商务模式，在Internet上获得商务信息，进而发现、发展商机。

一、商务信息化技术应用起源与发展

（一）商务信息化技术应用起源

信息技术是指20世纪后半叶开始发展起来的两项电子技术，即集成电路技术和数据网络通信技术，为商务信息化的发展奠定了技术基础。

20世纪60年代，电子计算机的广泛应用和先进通信技术的使用促进了电子数据交换的出现和发展。为了广泛使用EDI，20世纪70年代，在美国运输数据协调委员会和国家信用管理协会应用研究基金会原有标准基础上，开发了EDI标准。随后世界各大公司与企业开始采用电子数据交换技术，商务信息化技术由此真正出现。

（二）商务信息化技术应用发展历程

商务信息化技术是一个新名词，但其使用频率非常之高，在短短的几年内，人们已是耳熟能详。一个时尚的名词往往代表了一种观点、一种倾向或者一种潮流。从广义的角度理解，商务信息化技术是指使用先进的电子工具完成商务、事务和政务等各种社会活动过程，从这个角度去理解，可以把商务信息化技术的发展历程划分为三个阶段。

1. 商务信息化技术萌芽期（19世纪末至20世纪70年代）

1893年，当电报刚开始出现的时候，人们就开始使用电子工具从事各种社会活动。随着电话、传真机和复印机等电子工具的发明及应用，现代社会活动便与电子技术紧密地联系在一起。

2. 商务信息化技术初级应用阶段（20世纪70年代至90年代）

这一阶段是基于EDI的商务信息化技术。当时人们在贸易活动中使用计算机处理各种商务文件时，发现由人工输入到计算机中的数据，大部分是在其他计算机中已经输入过的，完全可以用一台计算机的输出数据作为另一台计算机的输入数据，而且人工输入常常造成差错，还影响工作效率。后来，人们开始尝试在贸易伙伴的计算机之间进行自动的数据传输交换，EDI就应运而生了。

EDI是贸易伙伴之间将商务文件按照国际标准格式从一台计算机传送到另一台计算机的电子传输方式。实现EDI的前提是贸易伙伴之间的计算机联网，交易双方必须将各自数据库中的商业数据转换成公认的标准格式文件进行传输。由此可见，构成EDI的要素是EDI国际标准、EDI软件和EDI硬件。

3. 商务信息化技术广泛应用发展期（20世纪90年代以来）

20世纪90年代中期，Internet迅速发展，仿佛一夜之间就建成了一个连接全世界的网络，各种Internet网站如雨后春笋般出现，遍布全球的网络不断地扩容、提速，ISP互联网服务提供的服务越来越多，Internet的使用费用越来越低。这对传统的EDI造成了强烈的冲击。Internet可以扩大参与EDI的交易范围而只需支付低廉的费用，Web技术使EDI软件可以以网页的形式实现，基于Internet的EDI迅速取代了传统的EDI，成为现代EDI的主要形式，为广大商业企业带来了更多的商机和效益。这一阶段是基于Internet的商务信息化技术。

更为重要的是Internet的强大功能，使得EDI之外的各种商务活动纷纷进入到Internet这个王国，使商务信息化技术从EDI走向了真正意义上的商务信息化，并成为Internet应用的新热点。Internet是推动商务信息化技术发展的真正动力。

（三）商务信息化技术应用发展状况与趋势

随着Internet的快速发展，同时伴随人类社会信息化时代步伐的加快，一种全新的业务与服务——商务信息化技术展现在人们面前。商务信息化技术是Internet与EDI技术相结合的产物。从EDI到商务信息化技术是信息技术发展的必然结果。商务信息化技术使得国家与地区贸易成本更低，效益更高。它使所有用户在产品质量与服务、降低成本、选择的多样化，以及新产品与服务等方面受益。商务信息化技术给世界带来的冲击将是持久的、多方面的。未来几十年内，它将极大地改变我们的生活方式。

发达国家商务信息化的发展十分迅速，其技术已经成熟，通过Internet进行交易也已经逐渐成为潮流，如今全球商务信息化技术的应用如火如荼。另外，基于商务信息化技术而推出的金融电子化解决方案、信息安全方案，已成为目前国际信息技术市场竞争的主流。

新一代商务信息化技术将朝深度和广度方向发展。在普及方面，通过商务信息化技术的应用，每一个人都可以通过网络向特定的对象提出要求，而对方将通过网络向你提供相应的服务。在纵深方面，商务信息化技术将通过先进的数学模型，结合完备的分析软件与服务器对存在于网络上的各种庞大的数据进行高度筛选、分析，最后得到类似人类思维水平的计算结果。这些结果将帮助企业提供针对个人需求的产品和服务。

无论是普及还是深入，都要求网络服务器与各种数据库软件要有比以前更加丰富的功能，因此，针对不同功能细分的硬件与软件产品将是发展商务信息化技术的主要技术动力。

二、我国商务信息化技术应用发展

我国商务信息化技术的发展始于20世纪90年代初期，以国家公共通信基础网络为基础，以国家"金关""金桥""金税""金卡"四个信息化工程为代表。目前，我国商务信息化技术已在经贸、海关、银行和税务等许多领域得到应用，并取得了很大成绩，为中国商务信息化技术的发展打下了良好的基础，也积累了宝贵的经验。

商务信息化技术的基础设施互联网络在我国起步较晚，但发展迅速。据《中国互联网络发展状况统计报告》的统计指标，中国已具备了实施商务信息化技术的基本设施。

在此基础上，商务网站和商务项目急剧增加，令人目不暇接。商务信息化技术的发展地域迅速扩大，服务模式多种多样。

　　有关中国商务信息化技术的法律、制度和标准等规范框架方案，1999年在国务院相关部门主持下已基本形成。不少地方政府也都对商务信息化技术给予了前所未有的关注和支持，开始将商务信息化技术作为重要的产业发展方向。

　　此外，我国已初步形成了一支商务信息化技术应用的专家队伍，高等院校、中等院校也已开设商务信息化技术方面的课程，为社会经济的发展培养专门的人才。

第五章　政务信息化技术应用

第一节　政务信息化概述

信息技术的发展和应用，对社会经济的各个领域产生了广泛影响，其中政府部门尤为明显，具体表现为通信和网络技术广泛应用已渗透到政府职能的各个领域。面对这种全球性新技术形势，以及随之而来的经济形势的深刻变革，世界各国政府加快了信息化建设的步伐，中国政府也不例外。

政府信息化已经成为政府提高工作效率、履行政府职责、实现国民经济和社会发展目标的必要环节。同时，政府信息化建设成为国家信息基础设施建设的一个重要组成部分。政府信息化发展程度将直接影响政府的综合实力。

一、政务信息化定义

对于政务信息化的定义和涵盖面，各个国家和地方有着不同的看法。一种意见认为：政务信息化建设就是要支持党委、政府部门完成信息采集、处理、存储、传输、发布等完整的信息生命周期，支持党委、政府更好地执行各项职能，从简单的事务处理到综合管理、决策分析；从政务信息化建设体系结构看，是面向公众的信息网络的一部分。因此，面向公众的信息网络还应该具备通过网络向公众提供政府服务的功能、政府网络和公共信息服务网络互联互通功能，以及提供诸如政府采购、政府网络和公共网络共同实现的政府电子商务等服务。面向公众的政府服务信息网络是政府信息化工作的一部分。此外，政务信息化还包括信息资源、标准规范、政策法规、人员和其他资源等要素。

相关研究领域学者对政务信息化下了一个定义：政务信息化是指党委、政府部门为更加经济、有效地履行自己的职责，向全社会提供更好的服务而广泛应用信息技术、开发利用信息资源的活动和过程。它包括三层含义：第一，应用信息技术；第二，开发利用信息资源；第三，经济有效地履行自己的职责。

二、政务信息化建设目的

政务信息化建设的目的有三个：一是改善政府信息的收集、交换和发布，应用先进的信息技术，提高政府工作的效率和决策质量，使政府在履行自己的职责时具有良好或充分的信息保证和技术手段，使政府能够适应国内经济和社会发展的需要，适应国际竞争和复杂的经济政治环境，更加有效地得到公众的监督，促进廉政建设；二是促进本国信息产业的发展，通过政府采购，扶持民族产业，特别是扶持一些关键的技术和产品；三是引导其他领域的信息技术应用，将先进技术应用可能产生的风险由政府承担，取得经验后，在社会其他领域推广。

三、政务信息化主要任务

政务信息化的主要任务：建立恰当的信息收集、交换、发布、分析处理机制，采用适当的技术，使政府工作和决策拥有必要、及时、准确、适用的信息；建设适当的信息系统和信息网络，使政府工作的效率、质量得到提高，能适应快速变化的外部环境需要；建设可靠高效的政府信息网络，将政府的服务快速、方便地提供给每个公民，减轻公民因此而付出的经济和时间负担；通过适当的信息发布制度和信息网络，使公众能够监督政府工作，促进廉政、勤政建设，同时政务信息化要走在社会其他领域前头，起到引导的作用。

政务信息化建设是一项非常复杂的系统工程，没有强有力的机构承担建设和服务任务，是不可能实现的。但机构成立以后如何开展工作、发挥作用和求得地位，是一个值得研究的问题。既要考虑财政经费的合理使用，每次投资都应最大限度地发挥其应有的社会效益，又要选择出 IT 技术发展中的先进性与实用性的统一点，这是政务信息化建设首要而务实的环节。以政务信息流自上而下为主线，统一规划、组织好政务信息资源的开发是政务信息化建设的重点所在。

四、政务信息化发展阶段

从不同的角度来看，政务信息化的发展阶段可以有不同的划分。

第一，从信息系统发展角度分析，经历了结构化单项事务处理（TPS）、结构化综合事务处理（MIS）、集成信息系统（ERP，IIS）的发展过程。

第二，从业务计算机化、网络化角度分析，经历了单项业务结构化，机构内单项业务的全部业务处理计算机化、网络化，政府部门内和政府部门外交叉的业务处理计算机化、网络化的发展过程。

第三，从网络发展看，经历了局域网、内部网、外部网三个发展阶段。

五、政务信息化人才需求

我国政府承担着大量的管理和服务职能，需要加速开展信息化的建设工作，以适应未来信息社会发展的需要。而开展政务信息化的关键是组织好一个政务信息化健全的人才队伍，也就是说政务信息化建设选择何种人才，是实现政务信息化的关键问题，只有解决好这个问题，形成一个科学合理的政务信息化人才队伍，才能很好地实现政务信息化建设。

政务信息化建设的人才结构可分为三个层次：总体规划管理者、实施开发者和应用操作者。

第一类人员是总体规划管理者，主要是政府领导者。对国家而言应是国务院总理、工业和信息化部部长、各部委负责人；对省、市而言则是省（市）长、各部委办（局）的负责人等。这些人的素质会直接影响整个信息化工作的水平。第二类人员是实施开发者，主要应由技术管理者、信息系统开发者、信息分析处理者及相关行业的科技人才组成。第三类人员是应用操作者，也是政务信息化的最终使用者，这类人员分布在党委、政府各个部委办（局）的业务工作岗位上。

以上三类人员组成了政务信息化建设金字塔式的人才结构，位于塔尖的是决策层，即政府的领导者，在其下面的是有关副职领导和掌握最新科技动态的设计者，其中最重要的是信息化建设的总体设计者。位于中间的是开发层，其组成可以是各类信息技术公司的开发人员、专业技术工作人员及政务业务分析人员。位于底层的是人数最多的操作层，是行使政府各职能的具体工作人员。

目前，政务信息化建设中出现的各种问题，原因可能有很多种，但其中很大的一个原因在于这三层人员之间的不相容。特别是中层与底层之间，由于彼此在信息化业务上的切入点不同，从事信息技术的专业技术人员与行使政府职能的具体工作人员往往在对信息化的概念上、操作上都存在着很大差别，因此，促使各类人员在对信息化的认识上互相融合是政务信息化建设的一个要点。在实现政务信息化过程中，决策者在促使各类人员在知识上、岗位上互相融合的同时，应特别加强各类人员在工作上互相融合。在组织开发、设计时，让底层的职能部门业务工作人员参与，以消除信息处理中的专业壁垒。而在组织信息资源应用于政府职能等工作上，也应让设计者参与，目的是通过工作上的人才融合，优化政府组织机构，使所有政府职能充分发挥作用，消除臃肿部门和不合理机构。

政务信息化的建设不仅需要有高明的领导和精通信息技术的专业技术人员，还必须有既通晓信息技术又善于管理的复合型人才，由他们牵头做，可以取得事半功倍的效果。这类人应是决策层的成员之一，这样他们不仅可以深入了解信息化建设的短、中、长期发展计划，同时由于他们通晓信息技术，因而能洞悉全球信息技术的发展，能提出具有超前性的实施方案和避免资源浪费的对策。

复合型人才在政务信息化建设中处于非常重要的地位，起着极为重要的作用。随着信息技术的不断发展，信息化的要求不断提高，专业化的程度也将越来越高。只有复合型人才才能在紧追专业技术发展趋势的同时，又能灵活地考虑政府职能管理上的需要，及时调整实施方案，最终求得技术与管理的最佳平衡值。因此，在政务信息化建设初期，应努力寻找和培养优秀的复合型人才，并给予其充分施展才华的天地，组织协调好党委、政府的信息化建设工作。

六、政务信息化建设与政府机构改革

政府机构改革必然要求加快政务信息化建设，反过来，信息技术发展和应用的普及必然要求政府机构改革。从世界范围看，这两者是相辅相成的。

在世界各国政府部门机构重组、业务重构过程中，无一不把信息技术应用和信息资源开发利用作为重要内容。美国政府在1992年提出了重建政府的设想，在征求政府重建的意见和建议时，总结了近1200条改革措施，其中大部分都与信息技术应用和信息资源管理有关。日本政府为克服经济危机而提出的政府改革方案中，政务信息化也成为一个重要的方面。其他国家（如加拿大、澳大利亚、新加坡等国家）也都制定了相应的计划和政策。

我国在政府机构改革过程中，为顺利履行调整后的职能，适应机构精简后对工作效率和决策质量的要求，适应瞬息万变的市场和国际环境，适应廉政建设及提高政府和国家能力的要求，十分迫切地需要科学合理、符合中国国情、符合信息技术应用和信息资源开发利用内在规律要求的政务信息化建设，这是历史发展的必然要求。

采取以下求实创新和科学的实施办法能加快政务信息化建设。

① 各个政府机构建立职权统一的首席信息主管制度。

② 成立政务信息化建设部门。

③ 委员会拥有审定各个党委、政府机构信息化建设计划，平衡国家在政务信息化方面的投资预算，评估党委、政府机构信息化建设的绩效等职能。

④ 必要的资金支持和合理的分配、使用制度。

⑤ 建立完善的政务信息化建设评估标准和制度，并将它作为政府公务员业绩评价的一个重要组成部分。科学的评估方法和成熟的评估制度是政务信息化建设健康发展的必要条件，也是目前我国政务信息化建设中的一个薄弱环节。评估的重点是从整体和全局认识政务信息化建设的目的，强化成本、绩效分析。无论是政府上网局部或政务信息化建设全局，都必须紧紧围绕为党委、为政府做好工作，改善党委、政府工作绩效，为党委、政府更好地履行自己的职责服务。

⑥ 逐步推行外包制度，将政务信息系统和信息网络的建设、运行、维护，政府信息的收集、处理和分析研究，在合理竞争的基础上，用合同的方式交由企业或事业机构承担，在各项管理制度上进行相应的调整。

用政务信息化推动党委、政府改革关系党委、政府工作效率和决策质量，关系党委、政府能力和国家的能力，关系党委、政府形象和国家的形象，是对国民经济和社会发展产生影响的大事。因此，必须从战略的高度、长远的角度去作整体规划、重点突破，以达到既维护社会稳定的大局，又科学、务实、循序渐进地解决机构精简、人员调配、提高效率等诸多改革难题。

七、电子政务工程

电子政务是利用电子化、信息化的手段，提高政府运作效率，降低成本，提升人民的满意度。电子政务的本质是"以网络为工具，以用户为中心，以应用为灵魂，以便民为目的"。

（一）电子政务建设目标

建设电子政务工程就是要优化政府管理工作的各个核心业务流程，提高工作透明度，降低政府运行费用，提高办公效率，以更好地发挥政府宏观管理、综合协调与服务的职能为总体目标。也要有利于勤政、廉政建设，应在推动社会信息化进程、牵引 IT 产业发展、营造我国信息产业健康发展环境方面发挥重要作用。

电子政务的最终使用者是政务人员，电子政务模式和平台产品最终要通过他们来实现，因此，要对政府公务员和事业单位工作人员加强电子政务的宣传、教育和培训工作。

（二）电子政务平台

目前，各行业、各省市的电子政务系统大都是以某一个厂家的操作系统与系统集成技术为基础，形成彼此隔离的信息孤岛式的信息系统，数据格式也不相同，不能实现网络业务的交换、共享、协同和控制，相互之间难以在业务与安全范围内实现互联互通与互操作，严重影响了电子政务的正常发展。

过去几十年的经验已经证明，由于利益冲突，完全依靠厂家建立一体化的信息平台是不可能的。垄断厂商决定信息平台发展方向的局面必须改变。电子政务与国情、省情密切相关，必须建立统一的电子政务平台。

电子政务平台不仅仅是一个信息化网络平台，它还是一个基于国家信息化推动的政策法规制定的平台，是一个基于网格 GRID 的国家信息资源管理平台，是一个基于 Web 服务的政务全过程服务平台，是一个基于人工智能的决策支持平台，是一个基于 E-Learning 和"体验"的能力培训平台。

为了建立统一的电子政务平台，首先在技术上要降低难以统一的操作系统的地位，由政府出面组织协调，在操作系统上建立全国统一的较高层的包括电子政务在内的信息应用平台。这种统一的信息应用平台是建立在现代软件工程基础上的公共操作环境，将最大限度地实现系统资源共享重用和互操作，能进行任何操作系统平台上的数据交换和程序连接。

建设电子政务平台需要四个阶段来实施。一是数字化阶段，主要是将各类纸质文件电子化和数字化；二是Web化阶段，先建立单向Web网站（政府上网），再实现单向网站双向化；三是资源化阶段，先将行业性纵向信息资源大集中（如银行、税务等），在此基础上再实现地域性横向信息资源大集中（如省直厅局的政务系统）；四是平台化阶段，先进行全国性政务网格GRID建设，再实施全国性电子政务服务平台建设。

（三）电子政务建设标准

1. 应用支撑服务标准

①电子政务综合服务平台技术规范。

②电子政务信息交换技术规范。

③电子政务路由技术规范。

2. 电子政务安全标准

①电子政务认证（用户和设备）、授权——CA技术规范。

②电子政务业务加密、数字签名、电子印章技术规范。

③电子政务信息交换安全技术要求。

④电子政务XML安全技术要求。

⑤电子政务网络（内网、外网）安全技术规范。

⑥电子政务网络传输加密技术要求。

⑦网络安全防范指南。

3. 网络设施标准

①电子政务专网建设技术规范。

②电子政务专网建设验收规范。

4. 管理标准

①电子政务用户管理、业务管理、网络管理技术规范。

②电子政务工程监理规范。

③电子政务系统监控和系统备份技术要求。

在基础网络平台上，电子政务系统由公众服务网和内部办公网两大服务系统组成：公众服务网的主要功能是管理社会和服务社会；内部办公网的主要职能是实现政府部门办公自动化，为领导决策提供基础性服务并建设政府内部信息系统。电子政务资源管理网是两大系统之间的桥梁，它通过安全网关处理两大系统之间的信息交流和业务流转，它的主要功能是信息共享、政府公文处理和政务业务处理。

第二节　电子政府发展

在信息时代，政府治理面临着双重挑战：一是确定政府与信息社会的关系；二是利用信息技术重塑政府。政府需要扮演战略规划者、投资者、政策制定者、法律和制度的提供者和保障者、产权的维护者、整合者、表率者这样的角色。政府利用信息和通信技术履行职能，有效地完成治理的目标，为社会和公民提供公共服务。政府和市场的双重作用在促进新经济形态的形成方面十分重要，政府的作用和市场的作用一样具有不可替代性。

一、电子政府应用领域

(一) 电子政务

电子政务应用的基本形式是信息发布，即政府站点和网页的建设和管理。因为它是联系外界用户的一种有效手段，也是"政府上网工程"所定义的第一期目标。电子政务的应用类型有以下三种。

电子政务的第一种应用类型的特点是以单纯的信息发布为主，信息流向是单向的。

电子政务的第二种应用类型是交互式的数据和信息交换。特点是政府机构某些数据经过授权允许有条件地访问，例如，工商、税务机关对授权用户提供相关信息的查询和申报处理。从单纯的信息发布发展到第二种类型的信息交互式访问，最关键的因素是系统的安全性，也就是我们需要跨越的第一个技术堡垒，目前，Notes系统的七层安全体系基本能保障该系统的安全。

电子政务的第三种应用类型是应用和业务流程的高度集成。这种类型的应用将电子政务应用、业务流程和现有应用结合起来，实现政府管理和服务职能的网络化扩展。该类型应用与第二种类型应用的区别是业务流程的继承。这实际上是政府办公自动化系统在 Web 上的延伸，包括以下两个层面。

（1）把政府应用（包括办公自动化、业务系统）扩展到互联网上，使普通居民可以通过 Internet 了解政府的办公流程，并监视回应，这类应用有网上投诉、建议箱等。

（2）把政府之间（包括存在上下级关系的政府之间、不存在上下级关系的政府之间）的应用连接起来，这些应用包括政府公文等系统。其中电子化公文是指公文制作及管理电脑化作业，并通过网络进行公文交换，随时随地取得政府资料。

（二）电子商务

在以电子签章（CA）及公开密钥等技术构建的信息安全环境下，推动政府机关之间、政府与企业之间、政府与公民之间以电子资料交换技术 EDI 进行通信及交易处理。

（三）电子采购及招标

在电子商务的安全环境下，推动政府部门以电子化方式与供应商连线进行采购、交易及支付处理作业。

（四）电子福利支付

运用电子资料交换、磁卡、智能卡等技术，处理政府各种社会福利作业，直接将政府的各种社会福利支付交付受益人。

（五）电子邮递

建立政府整体性的电子邮递系统，并提供电子目录服务，以增进政府之间及政府与社会各部门之间的沟通效率。

（六）电子资料库

建立各种资料库，并为人们提供方便使用的方法，且通过网络等方式可以快速取得。

（七）电子税务

在网络上或其他渠道上提供电子化表格，方便人们在网络上足不出户地报税。

（八）电子身份认证

以一张智能卡集合个人的医疗资料、身份证、工作状况、信用、经历、收入及缴税情况、公积金、养老保险、房产资料、指纹等身份识别信息，通过网络实现政府部门的各项便民服务程序。

二、电子政府技术和专家系统支持

向电子政府演进过程中，离不开技术，特别是信息技术和专家系统的支持。信息技术往往是变革的前提条件。在网络时代，电子化政府离不开计算机辅助设计和计算机辅助制造、电子通信网络、专家系统、统计数据库系统、交叉组织信息系统、多媒体系统，以及决策信息系统等先进技术的支持。同时，为保持政府组织的触角敏锐、行动快捷、不断创新，维持专家系统和技术上的优势便显得尤为重要。当然，重要的不仅是技术，而且是人们如何创造性地运用技术以便为公众提供有效服务。

与传统行政组织以物质资源为中心的管理相比，电子网络政府更强调以知识和人才为中心的管理，更强调发挥行政组织内专家学者的智囊作用。甚至连组织本身都被看作"学习型组织"，这就要求组织成员要不断地获取知识和增进能力，发挥组织或团队的整合效应。

电子信息技术、现代办公自动化技术，尤其是网络技术在政府中的广泛普及与应用，使得行政组织传统的办公地点、办公时间、组织结构、规章制度、服务方式发生了根本性的改变。管理和服务打破了时间和空间的限制，使公平、公正、高效、民主、参与行政变为现实。

目前，我国应抓紧使政府部门的职能由管理型向管理服务型转变，抓住时机对网上信息资源的建设进行有序的组织和规范管理，这使加强"电子政府"的研究、建设和制定相应的实施策略显得极为紧迫和重要。

三、网络时代政府管理与服务

随着Internet的迅速拓展，网上的虚拟社会已蔚然成风。电子商务、电子货币、网上购物、网上银行已纷纷向我们走近，现实社会竞争激烈，促使各行各业纷纷抢滩上网，看中的就是虚拟社会的无限商机。

现实社会作为一个高度商品化的社会，由此派生出的虚拟社会也必然与商业密切相关。政府作为一个特定社会区域的管理者，对维护商业社会各项功能正常运转的重要作用是不言而喻的。尽管网络社会是"虚拟"的，但网上行为都是实际发生的，是现实社会行为的延伸。任何社会形态都不能没有组织者和管理者，网络社会也是如此。

市场经济下的政府职能，首先是服务职能，其次是管理职能。在现实社会中，政府职能通过预定的时间空间顺序，以真实的接触来实现，代表了现实社会的生活方式。而在网络社会中，人们可以在任意一台网络终端，不限时间地点与其他人或部门打交道，实现其所要获得的并且是网络社会已能提供的功能。因此，它带给人们一种全新的社会生活方式，它需要自己的组织者和管理者。

"网上政府"提供方便有效的服务和管理，不同于现实政府的工作模式，它为社会各界提供不限时间、不限地点的全方位服务和管理。"网上政府"依托迅猛发展的计算机和网络生活通信技术，利用渗透到社会每个角落的Internet，把政府服务和管理与人们的生活联系起来，进一步完善和发展网络社会。

（一）网络时代政府管理

1. 普及信息网络"全民原则"

随着计算机化、信息化的发展，网络时代会出现"信息两极分化"的现象。这是指社会公众对信息资源拥有和利用不均等而导致的贫富差距。为了防止这种情况的加剧，在建设信息网络时国家必须把"全民原则"作为首要的基本原则。当然，仅仅通过技术手段不足以解决人们平等地利用信息资源的问题，这就难免会出现信息贫富差距；甚至将信息高速公路变成"信息高速私路"，造成信息贫穷者和信息富有者之间的矛盾和某些范围内的社会冲突。因此，在抓紧信息基础设施建设、普及电脑与网络知识、加强培训的同时，政府应当制定并推行对信息贫穷者的支持和帮助政策，从而减少信息获取的非均衡现象。

当然，信息拥有的均衡化不等于不尊重信息生产者的知识产权。信息的生产需要创造性的发挥和投入，有些大的信息产品所耗费的劳动是惊人的，信息生产者有权利要求占有信息产品的所有权，通过销售信息产品补偿其投入并赚取利润；信息的传播也需要大量的软硬件产品的支持，这些网络产品的开发和生产都需要大量的投资，必须在网络的使用者身上得到必要的回报。而计算机网络的最大特点及效用在于其资源的共享性，它是目前为止最为便捷的方法和途径。在通过空间电子化传递时，网络信息极易被获取、拷贝和传播，从而造成产权侵犯。因此，政府必须制定相关法律规定，对集成电路、计算机软件、生物工程、专利、商标，以及未经授权的数据、数据库及其他资料等信息产权采取具体、有效的保护性措施，同时防止信息的垄断，以适应知识经济条件下信息产权的客观发展要求，并同国际趋势的法律保护相适应。

2. 政府对网络信息安全管理

网络有各种负面、消极影响和不安全因素，政府必须加强对网络信息技术应用与网络信息安全的管理维护。

网络的价值在于信息共享，网络的开放性使网上信息资源在贮存和传递过程中，极易被盗用、泄露和篡改。小到私人邮件被拆读，电子信用卡被盗刷，企事业单位的机密、商业秘密被窃取与非法暴露，大到与国家有关的军事、科技秘密被盗，甚至整个计算机网络系统都可能因为遭受攻击与入侵而瘫痪，造成网络信息安全问题。

信息网络使国家秘密泄露呈现出多元化、分散化、智能化、严重的破坏性、致命的打击性等特点，使保密工作面临严峻的挑战。信息威慑在某种意义上已经超过了工业时代的核威慑；来自网络上的突然袭击，是对国家安全最严重的威胁之一。国与国之间的战争已演变为信息战，并且信息战已从军事领域扩展到非军事领域，从战时蔓延到和平时期，国家安全将面临着全方位的信息攻击。因此，国家安全面临的将是综合安全问题，传统意义上的国家安全观念已拓宽为综合安全的概念。

另外，必须预防网上犯罪。网上犯罪是建立在网络技术之上的现实社会的组成部分。例如，假冒、伪造、仿造、发布虚假信息、编制或篡改程序和数据文件；偷窃信息和数据、偷用服务；入侵电子邮箱、私自穿越防火墙盗取国家机密、私自解密入侵网络资源、对网络软硬件的攻击；蓄意破坏计算机程序、数据和信息，制造或传播计算机病毒；等等。

网络犯罪具有高技术、高智能、蔓延迅速、涉及面广、国际化、攻击的主动性强、犯罪动机与目的多样化与复杂化的特性，而且日益呈现发案率上升、犯罪者年轻化的趋势。面对危害巨大的网络犯罪，政府必须加强各种预防措施，发展控制技术，加大对网络犯罪的打击力度，以维护健康安全的网络环境和秩序。

3. 网络污染信息治理

信息传递的无序性和失控现象，会导致信息污染。信息污染除包括信息"病毒""污秽"等不道德信息外，主要是指信息超载和信息垃圾。信息超载是指个人或系统所接受的信息超过了其处理能力或有效应用的情况。信息垃圾是指多余的、重复的、无价值的冗余信息，过时、老化的信息。信息超载或信息过剩现象，对用户来说并不是一件好事，会使人产生"信息超载焦虑症"，导致信息吸收率下降，从而带来财力、物力和精力的浪费。虽然信息垃圾不会严重侵占网络存储容量，但会加重人们进行信息处理和吸收的负担。因此，政府应鼓励发展"信息控污"和清除信息垃圾的技术，并提倡人们自律、自重，提高网络用户的素质和能力，以减缓无用信息的"爆炸"，建立一个洁净的网络信息空间。

（二）网络时代政府服务

为加强网络应用管理，使全社会能够快速有效地获取、使用信息资源，利用信息创造财富，实现经济增长和知识创新，提供快捷、丰富的网上信息服务，政府必须完成三项任务：一是提供政策领导和政策方向；二是形成一个灵活、高效、公平的管理环境；三是利用网上服务尽量为社会公众和企业提供有效、及时、充足的信息，促进信息资源的有效开发和利用，以充分发挥其信息服务先锋的作用。

其一，要积极促进政府有关信息资源的网上公开和利用，并大力开发公共和基础性的信息资源。

政府是一个国家最大的信息资源汇集地，自然也就成为一个社会中最大信息量的拥有者。政府信息资源开发和利用的程度，反映了一个国家信息化、网络化发展的水平和状况。各级政府部门要积极为信息资源开发和网络建设提供有利的环境和条件，使之与国家信息网络基础设施建设相协调，以利于信息共享。同时要大力推广、应用现代信息技术，不断提高信息开发能力和服务效益，尤其是促进企业对网络信息利用的效益，提高市场竞争力。此外，信息资源的开发和利用，需要投入大量的资金并进行不断的创新，单靠政府的力量是难以持久发展的，必须建立一种能够刺激企业和民间开发信息资源动力的机制，并制定一系列推动信息资源开发利用的政策法规，强化对信息资源产品知识产权的保护，通过政策法规引导其他行业和民间对信息资源开发利用的参与和投资，如出台数据库产业的优惠政策、降低增值税和减免部分所得税、制定数据库著作权保护措施、鼓励社会参与和投资开发公共信息资源等。

政府部门信息资源的开发一直是国家信息化的重中之重。政府信息资源的开发与利用须达到"三化"，即第一要数字化，第二要网络化，第三要市场化。我国政府目前所拥有的信息资源主要分为四大类。

第一类是政府内部办公用的信息资源，不对外公布，我们称为Innernet，即内部网的应用。

第二类是可以共享的信息资源，但必须是在一定范围之内的信息资源，可以在本系统、本行业内部共享，我们称为Intranet。

第三类是跨行业、跨部门的信息资源，我们称为Extranet，即外联网。比如，财政部门同银行的连接。

第四类是可以完全公开的信息资源，我们称为Internet，这部分是最开放的信息资源。目前迫切需要做的是进行"统筹规划、资源共享"，重点扶持国内一些具有一定专业化、规模化的政府站点，使其成为我国网络信息资源开发利用的重要支柱，积极、有效地开发和利用政府部门在Innernet、Intranet、Extranet和Internet上所拥有的信息资源，发掘现有资源潜力，服务于广大人民群众，推动经济建设发展。

其二，电子化网络政府对政府服务方式来说，是一场彻底的革命，与传统的政府服务方式相比，最大的改进是提高效率和提高公共服务质量。

① 办事更加便捷和高效。

传统行政服务在效率上存在很大缺陷，其根本原因一是政府机构办事低效，二是服务技术手段落后。而在网络时代，这两个问题都得到了很好的解决。首先，减少机构、减少中间管理层次、减少冗员，可以降低人为带来的低效率；其次，政府业务网上办理，能够提供24小时随时随地的多项同时服务，人们只要在家中使用互联网就可以查询到与公共部门打交道的程序和规则，便可享受到一线到底、自动化、直接送到家的服务。比如，一个个体户办理一个餐馆营业执照，没有必要亲自跑到工商、税务、卫生机构去一一办理手续，只要把自己的相关资料和证明材料（通过有关技术认证）通过网络发送到有关部门，便可在得到信息反馈（认证或审批）后组织开张。

②公共服务具有可选择性、普遍性、跨时空性。

传统行政服务是整齐划一的单向供给型服务，人们缺少自由选择度，加上政府公共服务本身的垄断性质，人们只得接受，别无选择，更无法提出更高的服务质量要求。而网络时代，政府的各项公共服务可以通过电子化方式进行，人们只要打开联网的电脑，就可以在网上找到自己所需要的服务种类和服务方式。人们在四通八达的高速电子网中可以找到自己所需要的任何社会信息、生活信息、政府管理和服务信息，并享受自助餐式的服务。

政府服务的本质是公共服务，是社会公众纳税后得到的回报。政府服务应当针对全部国民而不是只针对某些人。网络时代为这种理念的实现提供了技术条件。中国建成高速公路后，可以使广大偏僻农村结束孤立状态，不但大大增加了人们了解外面世界的机会，也可以使他们无须进入城市找工作；可以使偏远地区的儿童接受教育，工人学到技能，人们享受到高水平的医疗服务；可以使他们享受政府提供的保险及其他公用资源和公共服务，从而缩小城乡差别，改变农民享有公共服务短缺的状况。当然这依赖政府高速公路向农村的延伸，依赖农村公用资讯站、电子网站建设的普及，以及它们与地方政府网站及其他便民服务网站的连接、农民电脑知识和使用技能的不断提高。

网络政府公共服务的另一个优越之处是其跨时空性服务。24小时全天候服务延长了服务的时间，不管人在哪里，都可以在单一窗口得到便民服务信息，服务的据点和渠道增多了，不必跑不同的部门就可以享受跨机构的政府服务。减少面对面的人际互动，给机关内部人际关系带来冲击。随着网络的发展和普及，人们使用电话和电子通信方式进行人际交流超过了书信往来，在电视机和显示器前的时间大大增加，人们的活动将比以往任何时候更以家庭为中心。发达的信息手段使人与人之间的交往没有了空间障碍，人们之间面对面的交往将越来越被间接的交往所代替，通过家用计算机和虚拟办公，人们在家里上班和参加集体协作。在网络时代，人们的劳动和管理活动，比以往任何时候都依赖计算机。工作人员利用简单（操作系统）而又复杂（网络及其设施构成）的工作平台进行对话式工作。这种状况改变了机关内部同事的人际关系，使其变得简单化。行政机关工作人员的人际关系也将朝着这种简单化趋向发展。但是，其后果将是复杂的：一方面，它减少了政府机关内部各种不良人际关系的产生，如冲突、纠纷、对抗、团体、帮派主义和各种尔虞我诈；另一方面，也减少了工作人员之间心灵与心灵的碰撞和情感的交流，减少了同事之间的互帮互助，集体观念越来越淡薄，群体的联系纽带越来越松弛，导致行政组织的凝聚力下降。

③ 与国际接轨。

政府在推动国内主动开放式信息服务的同时，要面向世界，积极开拓国际市场，参与国际信息市场的竞争，走相互沟通、互惠互利的发展道路。在保护国家机密的前提下，要把我国开发的信息资源推向国际市场，出口创汇。同时要积极从国外市场引进和开发信息资源，要特别注意开发、利用国际信息库中能为我国经济建设所用的信息资源，加快我国信息资源建设，推动我国信息化核心任务的完成。

四、网络时代组织结构

（一）组织结构形态由金字塔型层级结构向扁平网络化结构转变

网络政府或电子化政府，给政府组织带来的突出影响是减少组织管理层次，扩大管理幅度，使组织结构从金字塔型向扁平型发展，并且更加具备有机性、灵活性和适应性。

金字塔型组织结构特点包括：① 比较封闭，试图选择和尽量减少环境的影响；② 活动是正规化的；③ 明确但又相互孤立的职能部门名称；④ 通过等级结构来实现协调；⑤ 权力结构是集中的；⑥ 组织内相互作用与影响的形态是"上级—下级"的等级关系，实现层级节制；⑦ 决策的制定是集中的，但集中在组织的高层；⑧ 结构形式持久不变，具有很强的稳定性。它与工业社会的集中管理、权力控制、追求秩序和机械效率的理念，以及一体化、普遍一致化的技术结构基础是相适应的；与素质不太高的人员和平稳的环境相对应，而且也是受信息技术不发达制约的无奈选择；严格的规章制度保证了用人工方法进行信息采集和处理的有效性和效率，而庞大的中间管理层则承担着"上通下达"的作用。

网络化的扁平组织具有如下特点：① 行政组织与外界环境的界限是开放的，并没有严格的界限；② 基本的价值观是效率、适应能力、反应能力、团队合作和创新；③ 权力结构是分散的；④ 权力或权威的基础是知识、信息；⑤ 决策是分散的，决策的方法是参与式的；⑥ 控制结构是互相控制，重在内部的自我约束与控制；⑦ 领导风格是民主的、参与式的；⑧ 组织的管理计划是弹性的、灵活的和变化的。总之，扁平网络组织结构强调信息共享，将计算机与人联系起来；重视横向的联系。沟通与协作、知识与目标联系起来，权力分散，提倡自我管理和民主管理，强调人力资源开发。网络化的扁平组织适应的社会技术基础是信息技术的运用，适应的环境是动荡的、多变的、复杂的，适应的需求是多元化的、个性化的。

在工业社会中，金字塔型的组织结构具有效率优势。在集权和等级节制的金字塔型组织结构下，信息结构是纵向层式的。整个信息的收集、处理、贮存、传递是树型的。它犹如一棵倒置的大树，顶点只有一个，越到基层，信息点越多，且逐级分叉。在这种纵向信息结构中，信息呈水平分散收集，每一层次即为一个信息收集平台；有关环境和内部信息分别汇集在一个个信息平台上，每个职位和岗位都是信息的收集和处理点；信息呈割据状集中处理和贮存，每一信息平台按照专业化原则分别进行判断、筛选，并分类贮存在不同的专业部门，信息的处理和贮存呈现集中化和专业化，信息按照等级层次呈垂直状传递，各信息点之间的联系同样呈垂直状，与机构或职位等级结构相一致，注重行政隶属关系的信息联系。

这种纵向层级信息结构的优点在于结构简单、信息关系清晰且与组织的权威等级链相一致。但它也有严重的缺陷：信息割据容易损害信息的完整性，完整的信息被专业化的收集和处理方式所分割，有时无法得知真实信息；单一的信息纵向传递渠道，不仅无法收集、处理好现今急剧膨胀的信息，而且易于造成信息传递的迟缓、堵塞，渠道上的任何层次或环节不畅或中断都可能导致信息传递的失真、扭曲或中断；每一层次对信息的过滤、筛选、封锁，会改变信息的本来面目。但当人类社会进入后工业社会或信息社会时，环境更加复杂化；组织成员有着更高层次的追求，社会对政府提出的管理和服务要求也更多地呈现多元化和个性化，并且更有责任和效率。在金字塔型的组织结构下，大量中间管理层的存在实际上既减缓了信息传递的速度，又易造成信息的过滤、堵塞、失真或扭曲，因此，对传统管理层的改革不可避免。网络时代下的政府组织结构，将对现有的金字塔型组织结构进行再造，并积极创建新型的网络组织。普遍的做法是减少或者取消组织中间管理层次，压平组织结构，推行网络化的组织结构形式。在网络组织结构形态下，各信息点或信息中心的联系既有垂直方向的（即上下级之间的纵向联系），也有水平方向的（即同等级层次之间的横向联系），还有不同等级层次、不同隶属关系的斜向联系，共同组成纵横交错的信息沟通网络，信息呈现交互化。信息联系的多重渠道和多种方式，能克服单一纵向信息结构中信息封锁、信息渠道堵塞、信息传递迟缓等弊端。网络信息结构与纵向等级层次信息结构显著不同的另一方面是它有多个信息中心，每一个信息中心既能了解各职能信息、层次信息，也能了解全局信息。电子网络技术可以使任何个人既是信息的提供者，又是信息资源的使用者，会形成多个信息中心，且信息传递渠道纵横交错，不再按照行政隶属关系传递，等级权威在信息传递中不再起决定作用，信息结构与等级结构脱钩；组织与外界的信息交流与沟通是开放性的、多层次的、交互式的，信息不再单独为组织系统自我服务，也便于组织系统更好地利用外部信息资源；信息结构的散射性和交错性，可以使信息跨层级、跨专业、跨部门流动，消除了信息割据的危害，提高了信息的完整性和可靠性。

随着中间管理层的缩减甚至取消、管理幅度增宽，网络信息技术加强了操作执行层与高层决策的直接沟通，使得组织的管理者和下属之间可以及时地了解对方的情况和意图，而且很少占用时间与精力。这样，一个管理者就能够指导和指挥更多的下属，极大地提高工作效率和质量，使行政组织的结构进一步扁平化。

另外，在这些网络或扁平组织中，人力和知识网络是工作的核心，在组织内部和组织之间建立多个功能交叉（以任务为中心）的合作团队，它们因清晰、简洁、目标共同而紧密联系在一起，形成"团队网络"。不同的职能部门不再是按照序列进行工作，而是同时工作。网络信息技术保证了团队成员的全方位沟通和团队与团队之间的信息交流，从而提高了行政组织的绩效。此外，信息技术的应用对组织成员自身的知识和技能也提出了更高的要求。这为组织成员的不断发展提供了动力。在网络组织中，组织成员以更加平等、信任为合作基础进行工作。上下级更多地建立在"平等伙伴"的关系之上，而不是简单的强制和服从，信息的"集中与合成"将代替单向的"命令和控制"，人们的工作将有更大自主性，工作的积极性得到发挥，创造精神得到更多尊重。

（二）组织规模逐步减小，权力结构趋向分权，组织动力结构向参与型和自主型转变

我们现在面临的传统工作中一些烦琐的事务性工作在网络时代将大大减少。行政组织管理出现了标准化、规范化、程序化与非标准化、非规范化、非程序化同时双向发展的趋向。在网络时代，行政组织管理以人与计算机的结合为基本的工作平台，大量的工作因为计算机作业形成工作数字化、自动化、智能化。一些例行性和常规性的组织工作，越来越标准化、规范化和程序化，越来越多地出现无人化操作和管理，这在客观上不仅给管理人员提出了更高的要求，而且将大幅度缩小政府组织的规模。另外，网络时代行政组织的权威正在朝着知识和信息转化。因为当行政组织运行相对稳定，运转基本程序化时，组织管理者或下级组织可以根据惯例和制度赋予的权威进行管理。而当行政组织的环境和任务经常发生变化时，非程序化工作就成为管理的主要方式，因为惯例和制度的作用极为有限，管理者需要掌握大量的动态信息。谁掌握有效的信息，谁就能处在非程序化管理中的主动地位，影响和引导他人或组织的行为。因此，知识和信息已逐渐发展成为行政组织权威的基础。同时知识和信息是分散的，这就决定了行政组织在权力结构上必须实行分权和权力下放，让下属或下级拥有更大的管理自主权。同时行政组织与外界组织的界限越来越呈现相关性和依赖性，组织的界面越来越模糊，行政组织也必须改变权力不断扩大化的倾向。

在分权式组织结构中，行政组织将被分解在一个组织总部尽可能直接领导之下的，由数量相对较多、规模相对较少的组织单元构成的组织系统里。这种组织权力结构类似于原子结构或行星系结构，行政组织总部充当原子核，其下属的各个组织充当电子的角色。原子核决定着组织系统的运行方式和轨迹，但电子也有自身的运行规律及自主权。可以预料，网络信息技术的发展和普及，将进一步加快行政分权和权力下放进程。

更重要的是网络下的组织动力结构发生了根本性的变化。网络下的组织动力结构是指为确保组织成员为实现组织目标做出最大努力而采取的各种有效的激励方法和措施。组织的动力结构总是以对人的认识为基础的。麦格雷戈认为，关于人的本质和假设基本上可以分为两类：一类是类似于中国传统哲学中"性恶论"的X理论；另一类是类似于中国"性善论"的Y理论。X理论对人的看法是，人天生好逸恶劳、懒惰、冷漠、不喜欢工作，多数人没

有雄心壮志，喜欢依赖别人，没有合作精神，希望逃避责任，多数人安于现状，没有野心和进取心，宁愿接受别人指挥，也不愿意创新，对于多数人必须加以强迫、控制、指挥，以惩罚相威胁，以便使他们为实现组织目标而付出适当的努力。而 Y 理论对人的看法则相反，人并非天生厌恶工作，在自己负责的工作中人们能够实行自我控制，外部控制和惩罚的威胁不是使人们努力实现组织目标的唯一手段。在适当的条件下，人们不仅能够学会承担责任，而且愿意主动承担责任。多数人具有想象力、创造力和自我实现的愿望，在工业社会条件下，一般人的潜能只得到部分发挥。由此可以看出，与 X 理论相对应的是控制型动力结构，与 Y 理论相对应的是参与型和自主型动力结构。

控制型动力结构看重对组织成员的行为进行监控，以迫使他们服务于组织的目标和使命，是传统工业社会的集权等级制组织所采用的主要方法。这种控制方法主张采用物质刺激、利益分配的平衡、操作标准化、制度化、统一指挥、统一领导、严格纪律、严格惩罚，来保证分散的个人目标与组织目标相一致，把组织成员视为组织这架运行机器的一个组成部分，限制他们的个性，迫使他们循规蹈矩。

参与型和自主型动力结构看重对组织成员行为的引导和支持，相信组织成员在参与管理中能够自我管理、自我控制，并创造条件让组织成员实现自我。它鼓励和创造条件，让组织成员尽可能参与行政组织的管理和决策；不赞成严格规定下属"怎样做"，而是通过对行为后果进行评价，实施行为过程中组织成员有较大的自由；在刺激手段上，强调物质利益与精神利益并重，满足组织成员的多种需要；赋予被管理者责任感和使命感，赋予自主性，使被管理者意识到自己也是管理组织的一员，进而发挥自觉性、主动性和创造性；尽量创造条件，包括组织学习和培训，让组织成员的能力不断提高，使组织成员能够做到自我价值的实现。显然，在电子网络时代，随着行政组织成员受教育程度的提高、知识和能力的增进、自主意识的觉醒、自我实现愿望的增强，参与型和自主型动力结构会更具活力，它也符合灵活、快捷、不断创新、非程序化管理实际的需要。更多的行政成员不再像严格等级制中的一台机器那样是必须啮合在一起的齿轮，而是网络中的知识贡献者、决策点或节点。

五、政府组织的虚拟化办公

网络化、数字化，一方面，使空间变小了，世界成了"地球村"；另一方面，又使空间扩大了，除物理空间外多了一个媒体空间。经济活动和管理活动不仅可以在物理空间进行，还可以在媒体空间进行。在电子信息网络比较发达的国家，种种虚拟现实，如虚拟商店、虚拟银行、虚拟市场、虚拟公司、虚拟研究中心，以及远距离的多主体虚拟合作等，正在成为现实。

虚拟办公，就是工作人员不必非要依赖工业时代的办公条件，如固定的办公楼、上下班的交通等，同样正常地开展业务工作。人们也没有必要遵循固定的上下班时间，上班时间和个人生活时间的界限日益模糊，人们可以自由支配时间，而工作效率反而提高很多。虚拟办公注重的是人的能力和才干，而不是其岗位或职位。从这个意义上说，用互联网方式代替传统的工作方式，就等于用信息代替了办公建筑、交通运输等有形物质投入，办公楼、写字间的需求量将会减少，"空中楼阁"式的虚拟办公单位将会日益增多。这不仅大大节省了固定资金的投入，节省了花在上下班路上的时间和费用，还可以加快信息的汇集和流动，提高了工作效率，由此相关的城市交通拥挤问题将会得到解决。当然，新的拥挤现象将会转移到网络上，产生新的"堵塞"。

从技术上说，发达的互联网和其他信息技术组合而成的新型双信道多信号混合调制解调器，将办公室功能（如语音、数据和传真）延伸到现有远端的任何地方，可以实现居家办公；同时把语音和传真信道功能增加到现有的任何异步或同步数据通信联络线上，两条语音、传真信道可使用户在进行数据通信的同时传输语音和传真，如果再加上其他多媒体技术，人们完全可以在不同的空间进行对话式工作。对于行政人员来说，只要把笔记本电脑和桌上的网络接口连接，就可以获得单位的最新动态、资料、信息，同事之间还可以相互联络。这样，对于员工来说，无论在哪里，都好像坐在自己的办公桌前一样，除了缺乏面对面沟通的乐趣外，其他方面毫无差别。虚拟办公将越来越成为人们喜欢和必要的工作方式。

第三节 政府办公应用系统——国内SQL数据库技术

一、政府办公自动化系统概述

政府办公自动化系统是实现各级部门之间，以及机关内外部之间办公信息的收集与处理、流动与共享且具有战略意义的信息系统。它的总体目标是"以先进成熟的计算机和通信技术为主要手段，建成一个覆盖政府办公部门的办公信息系统，提供政府与其他专用计算机网络之间的信息交换，建立高质量、高效率的政府信息网络，为领导决策和机关办公提供服务，实现机关办公现代化、信息资源化、传输网络化和决策科学化"。

在通常的政府办公自动化系统案例中，应用主体往往是一个单位或一个部门，系统规划与软件功能相应地以应用的单位或部门的内部办公业务流程为核心，但是任何政府机构的办公流程都涉及大量的对外环节，以收发文为例，"收"与"发"的节点都是面向外部的。从公文产生到公文归档的整个公文生命周期来看，单位内部的批阅、签发、办理等过程只是其中的一段子过程，要实现真正意义上的所谓"无纸化公文"或"无纸办公"，必须将公文或其他办公业务处理对象的生命周期的全部过程电子化。

地方政府（市、县）作为一个相对独立的行政区域的管理者，下辖多级政府机构（县、区、镇等）和事业单位，需求复杂、联系紧密、应用面广，因此，其办公自动化系统从规划到实施都应树立大系统观和蕴含全局应用的项目思想，并注重未来的推广和完善。在管理上，要整体规划、分步实施，可以试点推广、以点带面，而不能搞竞争激进、各自为政。首先，在技术上要建立一个高效、安全、坚固、畅通的统一的信息传输通道，并制定公文和其他政务信息交换的标准规格；其次，办公系统在功能方面要注意把握共性与个性、一般应用与特殊应用的制约和平衡关系。

目前的办公自动化软件大体可分为两种类型，即C/S结构和B/S结构。C/S结构的办公自动化软件要求每个用户安装客户端程序，通过客户端与服务器端数据库和应用程序的通信与交互来实现办公业务的网上流转。B/S结构的办公自动化软件不需要用户安装任何程序，其用户界面与Web浏览器相连，用户的请求由Web服务器传递给应用程序服务器处理，其作用是处理事务逻辑，然后根据需要访问运行在后层的应用程序和数据库。

二、万户办公自动化系统

政府机关办公自动化系统成功的关键就在于选择一个合适的应用系统平台，并在其上建立适应办公自动化需求的、功能强大的、应用开发容易的、方便管理的、界面友好的各种应用。

万户办公自动化系统推荐的开发实施平台是莲花公司的Lotus Domino/Notes。Domino和Notes充分挖掘了网络平台的潜力，不仅给用户带来了方便易用、功能完善的邮件处理系统，而且在网络资源管理及在网络上共享和转换各类应用系统的信息等方面为用户提供了安全、可靠和强有力的工具。Domino和Notes提供了强大的工作流软件开发环境，帮助用户建立面向网络和客户机/服务器体系结构的战略级解决方案。

（一）系统特点

万户网络公司推出的面向政府机关的办公自动化产品——EZ Office办公自动化系统（行政版），以强大的、广泛适用于Unix和Windows操作系统的Lotus Domino/R5平台为基础，充分利用了Internet/Intranet技术、组件技术和数据库技术，采用面向用户的专业设计。该系统具有完善的技术体系、产品结构和强大的可伸缩性。同时其强大的灵活性使其易于同其他系统集成，易于和大型关系数据库连接。工作流的应用，通过整合化和自动化业务流程，使得政府机关可以加速各级部门的业务流转，加大信息反馈的深度与力度。

1. 全面支持浏览器应用

EZ Office分C/S，B/S两种版本。其中，B/S版采用Domino Server作为Web发布服务器，综合使用了目前成熟的技术，包括Java，DHTML，Active X等技术，充分发挥了Domino Web Server的强大功能，利用了浏览器的各种特性，将办公的功能由Intranet拓展到了Internet。

基于浏览器的办公自动化的优势：客户端、无限扩展的能力、良好的可维护性、可以方便地实现局域网和广域网之间的互联、可以不加修改地把任何应用和信息直接发布于互联网。

在对Internet和Web标准全面支持的同时，Lotus也扩展了Notes Client的作用，使之成为既面向最终用户也面向工作组的Web信息管理者。因此，

EZ Office 的 C/S 版可以利用 Notes Client 将一整套功能应用于 Http 服务器上，以 Html 格式发布内部及外部信息，这些功能包括：无连接使用、Client/Server 通信、复杂格式正文编辑、安全性管理、工作流应用、研讨数据库和文档库等。

2. 易于集成

EZ Office 可以方便地接入用户自己的业务系统，并扩充系统的功能。EZ Office 支持与数据库系统的集成，使办公人员迅速获得相应的业务数据。可以有效地将文档数据库与关系型数据库相结合，能够很好地管理非结构化信息，解决文件检索、文件版本管理、不同格式电子文档转换、文档长度限制、数据统计、查询等问题。

（1）数据库平台无关性。可运行在任何操作系统平台上，对于不同厂家和版本的操作系统都能很好地支持。

（2）支持手写笔。系统可内嵌手写笔功能，只需按下"手写意见"就可以用手写笔签署意见，避免了键盘的输入。并能够实现痕迹保留，全文批录，在原文上进行修改，保留修改痕迹。

（3）完善的安全机制。在考虑安全机制时，系统同时利用了 Domino 的安全性能和操作系统的安全性能。提供口令验证、加密、权限控制、电子签名等安全机制，可以将数据访问及读写权限控制到每一个操作对象（如数据库、文档、视图、表单、域等），同时系统根据设置自动给每一个用户分配相应的工作权限。

（4）界面友好。在设计过程中，系统充分考虑用户使用水平和办公习惯，采用全面的图形化接口，简明清晰，完全贴近用户的导航设计，使不懂电脑的用户也能很快熟悉掌握和使用。

（5）灵活实用。系统能够根据人事调整、业务格式的变化及时调整流程的走向，提供快速查询、专题查询、随机查询等多功能查询模式，查询结果可以以多种类型显示，并能够自动导入电子表格，完成各种不同的表单，打印各种报表。系统可以适应不同机构之间办公工作上的差别。提供性能优良的流程设计工具，使各种流程的设计和修改方便快捷可靠，且无须编程。此外，系统还特别考虑了在发展过程中所发生的部门机构调整、需求变动等情况，具有良好的可扩展性。

（6）支持电子邮件。为每一个用户建立自己的电子邮件信箱，并且可以与其他常见的邮件机制很好地集成，方便用户与外界的交流与协作。

（7）支持移动办公。考虑现代化办公的特点，所有应用都不仅局限于局域网，用户在异地可以随时方便地访问本办公系统，真正实现了跨地域移动办公，充分体现了用户办公水平和手段的提高。

（8）工作流技术。采用工作流技术，严格控制公文运转程序，完成公文的发送、分发、状态跟踪、信息反馈、适时提醒、日志生成等项功能。若前边的程序未进行，不可进入下一条程序。

（二）系统主要功能

1. 系统管理

提供专门的系统管理界面，对系统的各项功能做一些初始化的工作，如单位名称命名、组织机构编码、职务列表、对本单位各办公人员按部门归类等；另外，具体每个工作人员对各项基本信息，以及对系统各项功能模块的操作权限（如发文角色、收文角色等）也将在此进行分配。

2. 信息报送（远程客户端）和信息采编

信息采编系统提供对来自单位内部局域网、外部联网单位的信息汇总处理，包括信息的采编、信息的统计、信息的发布等功能。主要功能包括：采集来自下级联网单位的各类信息；采集来自内部各部门的各类信息；对各类采编的信息进行分析，选取部分信息发布生成信息简报，供机关内所有人员查看；统计各单位的信息报送量、被选中信息量等。

3. 催办督办

如果用户没有在规定的时间内完成待办事宜，系统自动在用户的催办督办栏内增加一条信息，催促用户尽快去"待办事宜"中处理超过期限的事宜。

4. 档案管理

档案管理包括档案文件管理、整理编目、鉴定销毁、档案保管、档案统计、档案检索、档案编研、档案利用、档案移交、国家标准主题词典模块及打印模块设置。

5. 领导个人办公信息

领导批示办理情况查询，电子邮件、领导活动安排查询等，使每位政府领导对由其审签的公文能随时进行监控。

6. 待办事宜

显示需要自己处理的事务。用户每日打开待办事宜即可知道有哪些事需要自己去做，以及事情的缓急程度等信息。用户处理完事情后，系统自动删除待办事宜内的相应信息。如果用户没有及时处理则系统会自动发催办督办信息到用户的催办督办处。

7. 公文管理

用来管理政府机关公文的处理过程的功能模块，以实现机关公文管理电子化、自动化，由电子行文方式代替手工行文方式，解决公文传递慢，信息处理不及时、不同步等问题。

规范公文处理，减少中间环节。实现公文处理过程的各个环节的连接，实现公文电子存储，提高公文的可利用性。实现局域网、广域网的公文处理。

（1）发文管理。可处理机关内发文和机构间发文，实现拟稿、初审、会签、核稿、审核、复核、签发等功能，自动登记编号后缮印、分发、归档。可以实现公文修改的痕迹保留，可以灵活定义发文处理流程，可以处理顺序审批及会签。

（2）收文管理。实现对从其他单位或其他部门发送过来的公文进行登记、拟办、批办、交办、承办、催办、传阅、反馈、归档等功能。覆盖了实际办公过程中的所有环节。它提供了许多细致的功能，如自动编号、跟踪文件处理全过程、文件自动归档等。

（3）公文流转。该功能实现公文在系统内流转的自动化。用户可以根据自己的需要，对公文流转的流程进行设定。公文传递范围，可以只发给一个人，也可以发送给一组人。发送者可以在重要公文前加上图标，以示公文的重要性。收到新的公文时系统会在待办事宜中通知用户。收件人还可以将多个公文和文档或其他数据合在一起，作为单一的公文转发出去。

公文采用分阶段管理，将由自己拟定的但还没有进入流转的公文，以及别人发给自己的需要自己马上处理的公文归为待处理公文。而处理过的公文归类为已处理公文。另外，对于被授权人，可以看到授权人处理中的公文，以此提示被授权人优先处理哪些公文。最后将完成的公文归档到归档文件夹，对归档公文可进行分类和查询。

（4）公文结构设置。公文结构设置用于创建、修改、删除公文类型。一种公文类型包含该类型公文的基本信息（如公文编号、公文名称、公文类型和公文描述）和该公文的结构（即该公文类型所包含的信息内容，如标题、主办单位、密级等信息项）。对于机关的各种类型的公文，使用公文结构设置可以由用户根据文件的格式自己定义公文类型的结构。定义完成的公文结构可以先行预览。

（5）流程控制。流程控制用于创建、修改、删除公文流程。一种流程对应一种公文类型，但一种公文类型可以对应多种流程。

流程是使公文按预先设定好的步骤完成流转的控制机制。管理员可以按日常公文办理过程中的公文流转顺序制定流程，在每一个步骤中设定步骤名称、处理人范围、可操作域等内容，通过这些设定，系统自动控制每个用户对于每一篇公文的权限。

如果有多种公文，并且几种公文的流程相似，那么为方便起见，公文管理员可以预先制作流程模板，设定相应的步骤。在制作流程中，就可以先选择使用一种流程模板，然后配置处理人范围、可操作域等，简便地完成设置过程。

添加新的公文流程，可以选择此流程对应的一种公文类型。如果要设计的流程与以前的某一种流程模板相似，可以选择使用一种流程模板，系统会自动套用已定义好的流程模板。每一个流程都由若干步骤组成，每一个步骤都可以定义以下内容。

① 处理人范围。表示此步骤可以由哪些人处理。如果是第一步，系统将自动判断当前用户是否有权限创建哪种公文及使用哪种流程。处理人范围从角色列表中选择。

② 选择签名域。表示公文中哪些字段在当前步骤应由系统自动签名。它可以从公文中包含的字段列表中选择。

③ 选择可操作域。表示当前用户对公文中哪些字段有填写或修改的权限。它可以从公文中包含的字段列表中选择。

④ 选择必填域。表示公文中哪些字段在当前步骤必须要填写。它可以从可操作域字段列表中选择。

⑤ 操作类型。表示系统对当前步骤的处理方式。有"审批型""会签型""传阅型""结束"四种。"审批型"表示由单人操作，操作后将提交给下一个人；"会签型"表示要提交给多人处理，这些人都处理完毕后将处理权限返给上一个处理人，对于有些公文，可能由公文内容决定流转方向。"传阅型"表示将公文处理权限交给多人。"结束"表示公文最终处理完毕，将此公文放在"完成的公文"中。

⑥ 是否可以填写意见。表示当前处理人是否可以填写意见。

用户可以监控公文流程的流转过程。公文流转过程以图形化的界面显示，并且以表格的方式对每一个步骤进行详尽的描述。在实际的流转过程中，以图形化的方式表示当前公文流程的预设情况，并且对公文的实际流转流程也以图形化的方式进行显示和对比。用户可以清楚地知道每一份公文的处理情况和过程。

8. 会议管理

会议管理主要对计划会议和日常会议进行管理。实现会议安排的起草、审批、会议通知、会议纪要和出勤记录的管理。提供了会议计划、安排、人员、时间、场地、会议通知、会议纪要等会议全过程的网上管理功能。该系统使得会议通知自动化、会议纪要管理电子化。

该系统具有创建会议、设定参会人、发布会议通知并回复、自动整理会议纪要、会议纪要编辑、会议纪要提交审批、会议纪要发布等功能。

9. 公告板

公告板系统为用户建立一个电子公告栏，使用户可以发布通知、通告和消息，并可方便浏览公告板。公告的发布可设定审批人，由审批人审批通过后才能发布；发布公告可设定发布范围，不在发布范围内的用户将看不到此公告信息；发布公告还可以设定发布时间范围，公告在有效发布日期发布到公告板上，超过时间期限的公告将自动从公告板撤消，公告仍然保存在发布数据库中。所有用户都可随时浏览公告板，公告板的内容可定期存档。

10. 讨论园地

讨论园地为用户提供了一个相互交流和学习的场所。用户可随时随地进入讨论园地进行讨论和信息交流。可以设定讨论范围，实现讨论组功能，还可以匿名参加讨论。每一个用户都可以利用这项功能提出自己的问题或发表自己的意见。

讨论园地对所有用户开放，并且参加者不必在同一时间、同一地点来共享信息，真正做到了异地、异步的信息交流而不受时间和空间的限制。

11. 大事记

大事记可以记录单位发生的大事，如周年庆祝、机构改革、信息化建设、重大案件记录等。大事记一般作为内部公共信息，为单位的所有员工提供一个窗口，来了解单位的变化情况。

12. 地址簿

地址簿管理包括个人地址簿管理、团体地址簿管理和内部地址簿管理，提供查询功能。个人地址簿提供给企业内部每个员工记录个人的通讯录信息。团体地址簿管理的信息来自企业每个员工共享的个人的通讯录信息，员工提供共享的通讯录信息时可指定共享范围。

13. 电子邮件

电子邮件是网上办公管理最基本的功能，通过电子邮件系统可以方便地起草、发送邮件，浏览接收到的邮件并归类存档，可以实现各类信息（如信件、文档、报表、多媒体等多种格式文件）在系统中各分支机构、部门及个人之间快速、高效的传递。

（三）万户通用办公自动化系统（B/S结构）

这套软件面向我国广大企事业单位，采用了当今最新的 JSP，Java Script，Java，动态 Web 数据库技术，结合先进的 Internet/Intranet 技术，针对我国办公管理工作中公文和会议较多、请示汇报程序复杂等特点，力求功能全面、细致，操作简单方便，强调网络信息交流和共享。它适用于各类企业、金融机构、科研机构等单位，可以在多种硬件环境的局域网（LAN）、内联网（Intranet）、互联网（Internet）上使用。同时为广大用户提供了美观、方便、易学易用的使用环境，帮助用户单位从有纸化办公模式向无纸化办公模式顺利过渡。

本系统在软件技术和应用功能方面作了较大的改进。例如，提供了流程的用户自定义，让用户在使用时更加方便、灵活、易用，并可满足将来规模和管理上的发展；还提供了远程办公模式，不管身在何处，同样可以及时得到最新的信息，可以批阅文件、填写批示意见，就像在局域网中办公。整套系统功能更加强大、使用更加方便。

三、托普办公自动化系统软件 TPOA V3.0 版

TPOA V3.0 版系统是基于 Lotus Domino/Notes 开发的行政企事业单位办公管理集成平台。

该系统运行在以 Lotus Domino/Notes 构架的企业内部网（Intranet）之上，内部与单位已有的业务系统集成，外部实现与 Internet 的无缝集成，形成企业信息化建设的信息管理平台。该系统充分采用 Lotus Domino/Notes 的强大功能，支持多种主流通信协议和群体协同工作，具有以下特点。

（1）通用。可满足政府机构及大中型企业的层次化管理模式的要求，特别为政府、税务、工商、电信、邮政、移动通信等使用对象定制了具有各自特点的功能模块。

（2）功能丰富。结合多年办公自动化系统工程经验，甚至超前地考虑了用户的需求，且可以为用户进行有特殊要求的模块开发。

（3）开放。通过独有的通用数据库中间件技术支持与其他基于关系型数据库的业务系统互联。

（4）灵活。应用级的系统管理使系统升级、维护非常方便，而且延长了软件的生命周期，节约了用户的资金投入，增加了系统的潜在效益。

（5）安全。充分利用了 Lotus Domino/Notes 在管理、开发方面提供的安全措施，并在用户等级方面进行了安全级别分类管理。

（6）支持浏览器工作方式。实现客户端的零安装。

（一）产品功能介绍

TPOA V3.0 办公自动化系统软件分为 8 个子系统：政策制度、领导办公、日常办公、部门办公、电子邮件、组织机构、Web 应用系统、其他接口。各子系统包含的功能模块如下。

（1）政策制度。行业法规、规章制度。

（2）领导办公。领导日程安排、领导讲话管理、领导批示管理。

（3）日常办公。工作计划、收文管理、发文管理、请示汇报、电子公告栏、电子论坛、通讯录、每日快报及电子刊物、信息查询与发布、大事记、人事管理、档案管理。

（4）部门办公。物资管理、信访管理、接待管理、外出人员管理、值班管理、会议管理、车辆管理。

（5）电子邮件。电子邮件箱、日程安排、任务栏、名片夹、外出留言、传呼、自动提示功能。

（6）组织机构。连接网络上的各个部门，并进行有效管理。

（7）Web 应用系统。Internet/Intranet 应用。

（8）其他接口。采用通用业务接口。

（二）产品特点

走产品化道路最关键的一点是 OA 产品要做到不仅能满足用户的需求，

还要高于用户的需求，TPOA V3.0以其卓越的性能轻松实现了这一点，它的目标是使产品做到易用、实用、好用。

与其他公司的OA软件相比，TPOA V3.0除了具有一般OA软件所具有的功能外，还有许多独到之处，主要特点表现为以下几点。

1. 强大的工作流

所有需要成员间协同工作的事件，都将通过电子邮件以工作流的方式进行，形成真正快捷、安全、有效的办公模式。而且流程可以完全由用户自由设定。

2. 自由的文件格式

用户可以事先制作好公文模板的格式，创建新文件时只需选"从模板新建文件"即可方便地创建各种格式的文件。

3. 方便的输入

鉴于一般用户输入汉字困难的情况，已经在系统录入了尽可能多的常用关键字、关键词及常用短语（如领导批示意见）供用户选择，尽量做到不让用户输入汉字。此外，系统还具有记忆功能，即必须由用户输入内容，只需输入一次，系统就能将该信息保存下来，下次用户就可以从列表框里进行选择。

4. 齐备的功能

TPOA V3.0 现有功能模块近30个，基本囊括了办公过程中所能用到的所有功能，并且以后还可以不断地完善和扩充。

5. 完善细致的功能

每个功能模块都是一个非常完善细致的子系统。比如，"会议管理"功能模块，包括了从会议申请到会议的审批，到会议通知的发送；从会议室的预定到会场的布置，到工作牌、代表证、会议标志的定制；从参会人员的报到到会议人员的安置、作息时间的安排，到散会后的疏散；从会议材料的准备到会议日程、分组议程的起草，到会议纪要的记录，到会议精神的落实情况的跟踪；等等。

6. 简单易用的使用手册

系统具有详细的使用手册，对初次使用的人员可以根据手册上所写的步骤一步一步往下操作，使用户能够尽快达到熟练使用的目的。

7. 友好的用户界面

系统尽可能符合用户习惯。例如，新邮件到达时，系统用语音提示"你有新邮件，请及时处理"，或者在用户外出时，使用电子邮件的传呼功能可以使用户及时有效地了解办公情况；在公文审批结束后用户可以加盖公章，文件签发时可以签上自己的手写签名。

8. 可靠的安全机制

对于本软件的每个模块所对应的所有数据库，首先，在操作权限上可细分为7个级别，由系统管理员设置。其次，在访问数据库文档的权限方面又可细分为3个级别，由系统管理员进入设置。

9. 灵活性

用户可以根据自己办公的实际情况，通过设置不同的角色/群组来实现自定义运作模式，从而进一步提高系统的可靠性和安全性。

10. 伸缩性

系统以模板的设计为基础，模板之间预留了接口，用户可以根据自己的情况将模板随时配置，因而不仅能够支持目前的用户数量，而且能满足将来不断增长的功能需要。此OA产品还可以方便地与各种关系型数据库（如Sybase，Oracle，DB/2，Infomix和FoxPro等）连接，实现数据的交换及信息的共享。

11. 多媒体信息访问能力

随着系统的使用，用户将来会要求邮件传送系统能够支持更多的信息类型，如声音、图像和动画等。

12. 周全的提醒功能

任意需要转换人员的工作流，都会通过一个相应电子邮件提醒对方，用户只需打开邮箱，今日工作便可一览无余。

13. 全面支持Internet/Intranet使用方式

系统设计无论是各级菜单还是程序本身表现，都实现了对Internet和Intranet使用环境的支持，用户还可以利用浏览器方式来实现一些模块的功能。

四、太极电子政务系统

太极电子政务系统是适用于省、市、区（县）等各级政府，以及多级联网的整体政务系统，整个系统包括6个组成部分。

① 群组办公自动化系统。

② 保密文档管理系统。

③ 大型政务业务开发平台。

④ 大型网站及网上政务平台。

⑤ 多媒体会议演播系统。

⑥ 电子文档交换平台。

系统的目标是全面实现政府办公信息化，为各级政府及下属单位提供完整统一的现代化办公环境，提高政府机关办公效率和管理水平。

太极电子政务系统的特点。

（1）该应用软件系统是一组大型套装软件。其功能覆盖了省、市、区（县）等各级政府及其下属单位通用的日常办公、众多部门的业务管理，以及网上政务和多媒体会议等功能。

（2）这些软件，不仅是可独立使用的软件，还是集成在一起整体性很强的软件。整套软件采用B/S三层结构，只要在客户端安装共享的浏览器，就可以使用系统所包含的各种应用服务；系统通过动态生成的统一导航界面进入每个应用软件系统，并对不同政务人员的业务功能予以调动；其中办公自动化（OA）、业务管理（MIS）和公共信息（Web）三大部分之间实现无缝连接；各种业务管理功能均通过一组公共的模块和模板加以生成。

（3）该软件系统克服了许多政务软件只针对个别政府部门和只有部分业务功能的缺点，实现了面向众多政府部门组成的整个政府系统及其整体应用，是完整统一的电子政务整体解决方案。例如，在率先基本实现现代化的试点城市广东省顺德市，市委、市政府等5套班子和下属的30多个局办的通用办公、业务办公（200多种业务）和网上政务等已经统一使用该软件系统，并且正在向下面的10个镇政府延伸。

五、SQL数据库技术

SQL语言以及基于SQL的关系数据库系统是目前计算机产业中最重要的基础技术之一。多年前，通用SQL的语言才被开发，而现在它已作为计算机数据库语言的标准出现在读者眼前。如今有上百种数据库产品能很好地支持SQL，使它能够在大型计算机、个人计算机，甚至手持设备上运行。正式的国际SQL标准已两次正式通过并公布。实际上，每一个主要企业级数据库产品均依赖SQL进行数据管理，并且SQL是世界上两个最大软件公司——Microsoft和Oracle公司数据库软件产品的核心。

SQL是组织、管理和检索存储在计算机数据库中数据的工具，是一种计算机语言，允许用户与数据库相互作用。实际上，SQL适用于一种特殊的数据库——关系数据库。它既不是数据库管理系统，也不是一种独立的产品，而是与DBMS进行通信的一种语言和工具，是数据库管理系统不可缺少的部分。

数据库引擎是DBMS的核心，它在数据库中起构造、存储和检索数据的作用。DBMS接收来自其他组件的SQL查询。

（一）SQL功能

SQL具有不同的功能。

①SQL是交互式查询语言。SQL提供方便和简练的数据库查询方法，在交互式的程序中使用户键入SQL命令就可以检索数据并将结果呈现在显示器上。

②SQL是数据库编程语言。程序设计员将SQL命令内嵌到应用程序中，以便访问数据库中的数据。用户程序和数据库实用程序（如报表生成器和数据输入工具）均用这种技术访问数据库。

③SQL是数据库管理语言。数据库管理员采用SQL定义数据库的结构和控制存储数据的访问权，去管理小型或大型计算机上的数据库。

④SQL是客户机/服务器语言。个人计算机程序用SQL在网络上与共享数据的数据库进行通信。这种客户机/服务器的结构在企业级的应用程序中很普遍。

⑤SQL是Internet数据访问语言。能与共享数据相互作用的Internet Web服务器和Internet应用服务器均采用SQL作为访问共享数据的标准语言。

⑥SQL是分布式数据库语言。分布式数据库管理系统运用SQL在众多连接的计算机系统间分布数据。在发出访问数据的请求时，每个系统的DBMS软件都运用SQL与其他系统进行通信。

⑦SQL是数据库网关语言。在混合采用不同DBMS产品的计算机网络中，SQL作为一个网关允许在不同种类的DBMS间进行通信。

因此，SQL作为一种实用的、功能强大的工具出现在我们面前，它具有将用户、计算机程序和计算机系统与关系数据库中的数据联系在一起的功能。SQL是一种容易理解的语言，同时它是综合管理数据的工具。

（二）SQL 的主要特性以及促使它成功的动力

（1）软件提供商的独立性。所有主流 DBMS 软件商均提供 SQL。PC 机的数据库工具（如查询工具、报表生成器、应用程序生成器）能在许多不同类型的 SQL 数据库中使用。

（2）跨计算机系统的移植性。基于 SQL 的数据库产品能在大型计算机、中规模的系统、个人计算机、工作站，甚至手持电脑上运行。它们能在单独的计算机系统中运行，也可以在部门的局部网络以及企业级网络和 Internet 中运行。从单用户系统起步的应用程序可以随着其发展扩展到较大服务器系统中，从共享的 SQL 数据库中将数据精炼出来并下载到部门或个人的数据库中。

（3）SQL 标准。1986 年，美国国家标准化学会（ANSI）和国际标准化组织（ISO）最初公布了 SQL 的正式标准，并在 1989 年和 1992 年进行了扩展。同时，SQL 也是美国联邦信息处理标准（FIPS），这是 SQL 获得大量政府计算机订单的关键所在。许多年以来，其他国际组织、政府部门和软件提供商们已经在新的 SQL 功能标准方面着手，诸如调用接口或基于对象的扩展。其中许多创新已被纳入 ANSI/ISO 标准，这些发展的标准得到 SQL 的正式许可。

（4）Microsoft 公司的支持。Microsoft 公司很早就已经认识到数据库的访问是 Windows 软件的一个关键部分。不管是台式机还是服务器版本的 Windows，均通过开放式数据库连接（ODBC）和基于 SQL 调用的 API 提供标准化的关系数据库访问。Microsoft 公司卓越的 Windows 操作系统和其他公司的软件均支持 ODBC。同时，所有的主流 SQL 数据库都提供 ODBC 访问。Microsoft 已经将 ODBC 提高到较高水平，更多的是以面向对象数据库访问层〔作为对象链接与嵌入（OLE/DB）技术的一部分〕以及近来的 Active/X（Active/X 数据对象或 ADO）的一部分出现。

（5）关系基础。SQL 是为关系数据库而设计的语言，它随着关系数据库而逐渐普及起来。关系数据库的表格和行/字段结构使之很直观，这样保证了它容易被许多用户理解。关系模型有很强的理论基础，足以指导关系数据库的发展和实现。借助于关系模型的巨大成功，SQL 已成为关系数据库的数据库语言。

（6）高层次，类英语结构。SQL 语句很像简单的英语句子，这使它易于学习和理解。从某种程度上讲，这是因为 SQL 语句描述的内容是被检索的数据，而不是指出怎样寻找数据。表和字段在 SQL 数据库中可以具有长的描述性名称，这使 SQL 语句能更好地表达其意思，从而更接近自然语言。

（7）交互式特定查询。SQL 是交互式查询语言，能使用户有目的地访问存储数据。通过交互式地运用 SQL，用户便能在几分钟或几秒钟内得到复杂问题的答案，这与程序员设计客户报告程序要花费几天或几周形成鲜明的对比。SQL 具有特定查询的功能，这样使得数据更易于访问，并有助于决策者更好、更准确地做出决定。SQL 特定查询功能与现存的非关系数据库相比是一个重要的优点，并且将在基于对象的数据库中继续出现。

（8）程序化的数据库访问。SQL 也是程序员用来设计访问数据库管理系统的数据库查询语言。同样的 SQL 语句既能用于交互式访问也可用于程序化访问，因此程序的数据库访问部分可最先用交互式 SQL 来进行测试，然后再嵌入相应的程序。相反，传统数据库中只提供一套程序化访问的工具和分离的特定查询功能，这两种访问模式间无任何协调。

（9）数据的多视化。运用 SQL 数据库的设计者能给不同用户提供不同的数据库结构和内容视图。例如，数据库能被设计成每个用户只看到其的部门或销售区域的数据。同时，数据库中几个部分的数据可以被组合成以简单的行/字段表格的形式展现给用户。因此，SQL 的视图功能可以提高数据库的安全性并且能满足特定用户的需要。

（10）完整的数据库语言。最初 SQL 作为特定查询语言得到发展，但目前其功能远远不局限于数据检索。SQL 提供了一套完整、连续的语言，能够创建数据库、管理其安全性、更新其内容、检索数据以及在众多协作的用户间共享数据。

（11）动态数据定义。在运用 SQL 时，数据库的结构能被动态地改变和扩展（甚至在用户访问数据库时）。就静态数据定义语言（当数据库结构在改变时禁止访问）而言，这是一个很大的进步。因此，SQL 具有很大的灵活性，允许数据库适应动态的需求，并且在线应用程序也会保持不中断。

（12）客户机/服务器结构。运用分布式客户机/服务器结构实现应用程序，对 SQL 而言是水到渠成的事。在这个功能上，SQL 作为优化与用户相互作用的前端计算机系统和专门为数据库管理设计的后端系统的桥梁，使每个系统处于最佳工作状态。同时，SQL 允许个人计算机作为前端机与网络服务器、小型计算机和大型计算机数据库相连，并且提供从个人计算机应用程序中访问数据的权限。

（13）扩展性和对象编程技术。作为数据库标准的SQL继续保持支配地位的主要挑战来自基于对象的编程技术。各个基于SQL数据库的软件商正在慢慢地扩展和提高SQL（包括对象技术），以面对这个挑战。对象/关系数据库（基于SQL）是纯粹对象数据库的较为普遍的替代者，这样就可以保证SQL在以后仍处于支配地位。

（14）Internet数据库访问。随着Internet的极大普及，SQL作为Internet数据访问标准在20世纪90年代具有了新的角色。早在Web的开发阶段，开发人员就需要在网页上检索和显示数据库信息的方法，并且他们采用了SQL作为通用的数据库网关语言。近年来，出现的3层Internet结构——客户机层、应用服务器层和数据库服务器层，已经建立以SQL作为应用程序和数据库连接的标准。

（15）Java的融合（JDBC）。SQL最新的发展领域是与Java的融合。在认识到Java与现存的关系数据库连接的必要性后，Java创始人引入Java Data Base Connectivity（JDBC）。这是一种标准的API，它允许程序用SQL访问数据库。许多主流的数据库软件商已宣布它们的最新数据库系统支持Java，并且在数据库中允许Java作为存储过程和事务逻辑语言存在。SQL和Java间的统一趋势将使SQL在基于Java编程的新时代中继续处于重要地位。

由于Internet的出现，网络数据库结构也发生了重大变化。因此，Web被用于访问（浏览）静态文件并能打开外部的数据库。由于浏览器的普遍使用，软件公司可以将它们作为访问共享数据的一种简单方法。例如，假定将政务信息放在网站上，那么下一步就是让客户通过浏览器界面来访问这些信息，这就要求将Web服务器与存储政务信息的数据库连接起来。这种连接Web服务器和DBMS系统的方法在过去的几年里发展很迅速，并且已统一为3层网络结构。

第六章 信息化技术在其他方面应用

经济和社会的发展促进了信息技术的迅猛发展，信息技术所包含的内容越来越广泛，信息技术在社会各个领域里的应用也越来越广泛。信息技术是计算机将声音、数值、文字、图像、动画、影像等多种信息载体承载的信息进行数字化处理和有机集成的一门技术。而数字化的信息技术有利于社会各个领域的信息资源发挥共享优势，提高社会管理和运行的整体水平。

第一节 物流信息化技术应用

物流信息技术是现代信息技术在物流各作业环节的应用。物流信息技术主要由信息接收技术、信息存储技术、信息传输技术等组成，包括数据库技术、各种通信技术、网络技术、条形码与射频技术、物联网技术、3S技术（GPS，GIS，RS）等。同时，物流信息技术的应用与发展，离不开与物流相关的其他信息系统，如ERP，SCM，CRM，EOS，POS等。将信息技术引入到物流企业各个业务过程中，形成了需求管理、订单管理、仓储管理、销售管理、财务管理以及客户关系管理等一体化的现代物流管理。物流信息技术的运用和发展不仅可以提高物流和管理水平，促进物流企业的管理决策，而且可以改变企业业务运作方式，改善物流企业的管理手段。

物流信息技术是物流现代化的重要标志，也是物流技术中发展最快的领域。物流信息技术通过切入物流企业的业务流程来实现对物流企业各生产要素的合理组合与高效利用，降低经营成本，直接产生明显的经营效益。它有效地把各种零散数据变化为商业智慧，赋予了物流企业新型的生产要素信息，大大提高了物流企业的业务预测和管理能力。通过"点、线、面"立体式综合管理，实现了物流企业内部一体化和外部供应链的统一管理，有效地帮助物流企业提高服务素质，提升物流企业的整体效益。成功的企业通过应用信息技术支持它的经营战略并优化它的经营业务手段，通过利用信息技术提高供应链活动的效率，增强整个企业供应链的经营决策能力。

一、物流信息技术分类

在获取信息时，人类首先通过视觉、味觉、嗅觉、触觉等识别来获取信息，然后通过大脑进行处理、储存，通过神经系统来传输信息，最后将处理的信息通过行为动作、语言、表情来输出。同样的道理，物流信息技术的出现，都是参照人类自身的特点来获取、处理、储存、传输物流信息的。

基于以上人类自身获取信息的仿生学过程，可对物流信息技术进行如下分类。

（一）接收技术

由于物流信息具有信息量大、变化频率高、即时性强、涉及范围广等特点，在接收信息过程中必须提高其效率，确保其准确性。目前，常见的有条形码技术、射频技术、磁卡技术、光学字符识别技术和生物识别技术，具体情况如下。

1. 条形码技术

条形码自动识别技术是以计算机技术、光电技术和通信技术的发展为基础的一项综合性科学技术，是信息数据自动识别、输入的重要方法和手段。条形码自动识别技术具有输入速度快、可靠、准确、成本低、信息量大等特点，其作为物流信息系统中的数据自动采集单元技术，是实现物流信息自动采集与输入的重要技术。

2. 射频技术

射频识别（RFID）技术是基于电磁感应、无线电波或微波进行非接触双向通信，从而达到识别和交换数据目的的技术。其具有非接触、无须光学可视、完成识别工作时无须人工干预、适用于实现自动化且不易损坏、可识别高速运动物体并可同时识别多个射频卡、操作快捷方便等诸多优点，可以轻松满足信息流量不断增大和信息处理速度不断提高的需求。射频识别技术作为一种快速、实时、准确采集与处理信息的高新技术和信息标准化的基础，被广泛应用于生产、零售、物流、交通等各个行业。RFID技术已慢慢成为企业提高物流供应链管理水平，降低成本，实现企业管理信息化，增强企业核心竞争能力不可缺少的技术工具和手段。

（二）存储技术

存储技术主要涉及数据存储规范、容量、安全、速度等，目前数据库技术是解决物流信息存储问题的主要技术。

数据库技术是进行数据管理的技术，主要通过对数据库的管理来实现数据管理的功能。数据库技术是信息系统的核心和基础。物流活动过程中会产生大量的数据，物流的管理与决策也需要大量的数据，这些数据只有利用数据库技术才能够实现其收集、存储、交换、加工处理和使用。建立一个物流系统数据库的公共数据平台，为数据采集、数据更新和数据交换提供方便。数据库技术既满足了物流企业日常管理的需要，也通过对数据库中大量数据的分析发现其中的规律，实现物流数据更有效的利用，更深层次的分析。

同时结合数据仓库、数据挖掘技术，对原始信息进行系统的加工、汇总和整理，提取隐含的、从前未知的、潜在有用的信息和关系，满足物流过程智能化管理的需要。

（三）传输技术

在信息传输中，人类自身是通过神经系统进行传输的，而物流信息的传输则是通过网络与通信技术进行的。

1. EDI技术

EDI是将商业信息按照某种标准格式，通过计算机和公共信息网络以电子形式在企业之间传递的过程。也就是供应商、零售商、制造商和客户等在其各自的应用系统之间利用EDI技术，将商业信息自动转换成标准格式通过公共EDI网络进行交换和处理的过程。其实质是交易双方按照国际通用的标准或对方能识别并接受的标准，以计算机可读的方式将订单、发票、提货单、海关申报单、进出口许可证和回执等日常往来的商务信息进行标准化处理，通过网络通道，接收方接收后通过管理信息系统（MIS）、支持作业管理和决策支持系统，对报文进行处理，完成信息的互换和处理。这样，原来由人工进行的单据、票证的核计、结算和收发等处理，全部由计算机完成。

EDI的优点在于，交易各方基于标准化的信息格式和处理方法通过EDI实现信息沟通，提高了流通效率、节约了时间、降低了物流成本、提高了管理和服务的质量。

2. 网络与通信技术

通信技术是以现代的声、光、电技术为硬件基础，辅以相应软件技术来实现信息传递的。通信主要包括数字通信、移动通信以及光通信等。

网络简单地说就是通过电缆、电话线或无线通信等互联的计算机的集合，它是现代通信技术与计算机技术相结合的产物。所谓计算机网络，就是把分布在不同地理区域的计算机与专门的外部设备用通信线路互联成一个规模大、功能强的网络系统，从而实现网络之间硬件、软件、数据信息的共享和信息的传递。

（四）智能技术

智能技术是利用计算机科学、脑科学、认知科学等方面的知识，对物流信息进行分析处理的技术，物流中主要包括人工智能、智能交通系统和物联网等。智能技术的应用一般是在物流信息管理发展得比较成熟之后，在原来分析水平的基础上利用智能技术的各种方法深入分析信息管理中存在的问题，或者发现物流信息中的深层次信息和规律，从而提高物流活动各层次管理的智能性。

（五）拓展技术

1. GPS 技术

全球定位系统（global positioning systems，GPS）是具有全球性、全能性（如陆、海、空、天）、全天候优势的导航定位、定时、测速系统，由空间卫星系统、地面监控系统、用户接收系统三大子系统构成。

GPS 最初只是运用于军事领域。近年来，GPS 导航系统与电子地图、无线电通信网络及计算机车辆管理信息系统相结合，已在物流领域得到了广泛的应用，如在汽车自定位及跟踪调度、铁路车辆运输管理、船舶跟踪及最佳航线的确定、空中运输管理、防盗反劫、服务救援、远程监控、轨迹记录和物流配送等领域。例如，利用卫星对物流及车辆运行情况进行实时监控。用户可以随时"看到"自己的货物状态，包括运输货物车辆所在位置（如某座城市的某条道路上）以及货物名称、数量、重量等，同时可实现物流调度的即时接单和即时排单以及车辆动态实时调度管理；GPS 提供交通气象信息、异常情况报警信息和指挥信息，以确保车辆、船只的运营质量和安全；客户经授权后也可以通过互联网随时监控运送自己货物车辆的具体位置；GPS 还能进行各种运输工具的优化组合、运输网络合理编织，如果货物运输需要临时变化线路，可随时指挥调动，大大降低了车辆的空载率，提高了运输效率，做到资源的最佳配置。

目前，这方面的技术还有中国的北斗卫星导航系统、欧洲的伽利略卫星导航系统和俄罗斯的格洛纳斯系统。

2. GIS技术

地理信息系统（qeography information systems，GIS）是能够收集、管理、查询、分析、操作以及表现与地理相关的数据信息的计算机信息系统，能够为分析、决策提供重要的支持平台。GIS是地理学、地图学、计算机科学、遥感等涉及空间数据采集、处理和分析的多种学科与技术共同发展的结果。

它将这些技术与学科有机地整合在一起，并与不同数据源的空间与非空间数据相结合，通过操作和模型分析，提供对规划、管理和决策有用的信息产品。

它的诞生改变了传统的数据处理方式，使信息处理由数值领域步入空间领域。通过各种软件的配合，GIS可以建立车辆路线模型、网络物流模型、分配集合模型、设施定位模型等，更好地为物流决策服务。GIS的用途十分广泛，除了应用于物流外，还应用于能源、农林、水利、测绘、地矿、环境、航空、国土资源综合利用等领域。

3. 遥感技术

遥感（RS）技术是指从地面到高空各种非接触地、远距离地对地球、天体综合性探测技术的总称。在物流信息管理中，遥感技术与GPS和GIS形成"3S"技术发挥作用。其中，遥感技术主要进行信息的采集，GPS对采集的信息进行定位，GIS则负责信息管理的全过程。"3S"技术以GIS为核心，完成空间信息的采集、处理以及动态分析，帮助物流系统对商品完成动态控制与管理工作。

（六）电子商务

电子商务通俗地讲就是传统商务电子化，准确地讲就是借助于计算机技术和网络技术所进行的商务活动。物流与商务是不能分开的，没有商务活动，也就不存在物流；反之，如果没有物流的辅助，商务活动也无法进行，所以物流信息技术是不能离开电子商务的。

（七）其他相关信息系统

物流活动是从原材料采购开始直至生产出消费者所需要的商品，并满足消费的整个活动的"连接者"，不能脱离供应商、制造商、销售商、消费者而独立存在。物流活动信息来自供应商、制造商、销售商、消费者，并服务于他们，合作与开放才能最大限度地实现信息的共享，实现"双赢"甚至"多赢"。供应链管理（supply chain management，SCM）、企业资源计划系统（enterprise resource planning，ERP）、客户关系管理（customer re-lationship management，CRM）、电子订货系统（electronic ordering system，EOS）、销售时点系统（point of sale system，POS）等与物流信息系统的构建是不可分割的。

二、EDI在物流供应链中的作用

EDI最大的特点是网络化的自动传输和自动处理，将其应用于物流供应链管理，可以利用它的网络化优势来建立和强化物流伙伴关系，并有助于改善整个物流供应链的效率。

（一）EDI进一步整合物流供应链各个环节

由于EDI利用网络来传输数据，而网络互联可以将原材料组织、生产、销售、运输装卸以及库存控制等物流供应链的各个环节紧密地衔接起来，在总体上形成一个动态的、实时的物流供应链信息网络化调控体系，因此，使用EDI可以实现产品的采购、生产、销售的集成化，使得供需双方建立起一种以市场利益驱动为主导的战略伙伴关系。这种关系由于市场营销的拓展而产生，借助于EDI的网络形式而得以明显化。

（二）EDI进一步巩固物流供应链协作伙伴关系

由于实施EDI涉及大量的投资和工作方式的改变，并可能造就一定的市场壁垒，因此，物流企业应慎重进行EDI决策，这进一步促进了物流供应链的协作关系的稳定性和持久性，增进了物流服务者与最终用户之间的凝聚力，强化了供给双方的实时互动性。

因此，利用EDI可以进一步巩固和完善物流供应链供需双方已建立的伙伴关系，提高物流供应链系统的稳定性和可靠性，从而使协作双方的合作更加紧密，并大大提高物流服务供需双方在市场中的地位和作用。

（三）EDI可实现物流伙伴群体集成化资源管理

在物流活动中存在着大量的数据单证，需要进行数据传递任务，而且物流企业的群体化特征使得物流企业的信息输出构成"输入—输出"链环。也就是说，一个物流企业的输入信息一大部分是其他单位的输出信息。在物流供应链管理中引入EDI技术，可以实现物流伙伴的群体集成化信息资源管理，EDI利用通信网络将物流企业的"输入—输出"链环自动进行连接，自动进行交换，从而保证信息传递的及时、有效。

实践经验表明，在物流供应链中引入EDI，将会给物流链系统带来诸如减少数据处理量、避免文件处理中人为出错、降低库存成本、加快物流速度、提高物流效率等多方面的优势。同时，由于EDI技术的应用能够建立和强化物流供应链战略伙伴关系，并带来物流信息服务水平的提高，因此，利用EDI来构筑物流供应链战略伙伴关系尤为必要。

三、EDI在电子商务采购中的应用

随着时间的推移，EDI技术在物流业中的应用也日益广泛。下面主要介绍EDI在电子商务采购中的工作过程。

第一步：制作订单。

买方根据自己的需求在计算机上操作，在订单处理系统中制作出一份订单，并将所有必要的信息以电子传输的格式存储下来，形成买方的数据库，同时产生一份电子订单。

第二步：发送订单。

买方将此电子订单通过EDI系统传送给供货商，此订单实际上是发向供货商的电子信箱，它先存放在EDI交换中心，等待来自供货商的接收指令。

第三步：接收订单。

供货商使用邮箱接收指令，从EDI交换中心自己的电子信箱中收取全部函件，其中包括来自买方的订单。

第四步：签发回执。

供货商在收到订单后，使用自己的计算机上的订单处理系统，为来自买方的电子订单自动产生一份回执，经供货商确认后，此电子订单回执被发送到网络，再经由EDI交换中心存放到买方的电子邮箱中。

第五步：接收回执。

买方（也就是客户）使用邮箱接收指令，从EDI交换中心自己的电子信箱中收取全部函件，其中包括供货商发来的订单回执。整个订货过程至此结束，供货商收到订单，买方则收到订单回执。

四、EOS与物流管理

（一）EOS构成

EOS的构成要素主要由三部分组成：批发、零售商，商业增值网络中心，供货商。

1. 批发、零售商

采购人员根据MIS提供的功能，收集并汇总各机构要货的商品名称、要货数量，根据供货商的可供商品货源、供货价格、交货期限、信誉等资料，向指定的供货商下达采购指令。

2. 商业增值网络中心

VAN不参与交易双方的交易活动，只提供用户连接界面，VAN是共同的情报中心，它是通过通信网络让不同机种的计算机或各种连线终端相通，促进情报的传输更加便利的一种共同情报中心。

3. 供货商

由商业增值网络中心转来的EDI单证，经VAN提供的通信界面和EDI格式转换系统而成为一张标准的商品订单，根据订单内容和供货商的MIS提供的相关信息，供货商可及时安排出货，并将出货信息通过EDI传递给相应的批发、零售商，从而完成一次基本的订货作业。

（二）EOS系统

EOS系统能及时准确地交换订货信息，它在现代物流管理中的作用如下。

（1）对于传统的订货方式，如上门订货，邮寄订货，电话、传真订货等，EOS系统可以缩短从接到订单到发出订货的时间，缩短订货商品的交货期，减少商品订单的出错率，节省人工费。

（2）有利于减少企业的库存水平，提高企业的库存管理效率，同时能防止商品特别是畅销商品缺货现象的出现。

（3）对于生产厂家和批发商来说，通过分析零售商的商品订货信息，能准确判断畅销商品和滞销商品，有利于企业调整商品生产和销售计划。

（4）有利于提高企业物流信息系统的效率，使各个业务信息子系统之间的数据交换更加便利和迅速，丰富企业的经营信息。

（三）EOS系统应用注意事项

在现代物流管理中应用EOS系统时，需要注意以下几点。

（1）订货业务作业的标准化。这是有效利用EOS系统的前提条件。

（2）商品代码的设计。在零售行业的单品管理方式中，每一个商品品种对应一个独立的商品代码，商品代码一般采用国家统一规定的标准。对于统一标准中没有规定的商品则采用本企业规定的商品代码。商品代码的设计是应用EOS系统的基础条件。

（3）订货商品目录账册（orderbook）的制作和更新。订货商品目录账册的设计和运用是EOS系统成功的重要保证。

（4）计算以及订货信息输入和输出终端设备的添置和EOS系统设计是应用EOS系统的基础条件。需要制订EOS系统应用手册，并协调部门间、企业间的经营活动。

五、物联网在物流领域的应用

物联网的成熟一方面是来自产业的成熟，另一方面是来自行业的需求，尤其是以物流领域为主，传统的物流已经不能满足快速发展的需求，大力发展现代物流显然迫在眉睫。物联网的诞生直接为发展现代物流业起到了非常重要的作用，而物流又加速了物联网的落地。

（一）入库管理应用

让我们以物流领域中最常见也是应用最广泛的场景之一入库管理为例，说明物联网的具体应用。

在产品入库管理过程中，最重要、最核心的问题是产品的识别和入库单信息的获取，传统的人工或条码识别技术虽然得到一定的应用，但依然存在着以下几个问题。

（1）产品识别困难。条码识别技术虽然有一定的应用，但条码扫描仪必须"看到"条码才能读取，条码容易撕裂或污损，给商品识别带来一定困难；而且条码的识别距离很短，也不能同时对多个产品进行识别。这些缺陷使条码识别技术在入库管理方面的应用受到一定限制。

（2）产品信息难以实时获取。当产品入库时，必须对入库产品的名称、分类、规格、生产厂家、数量、入库时间等信息进行记录，并生成入库清单，以便后续核对、查实。但这些信息的获取往往比较困难，有时需要产品供应商的协助，协调难度大，信息实时性也较差。

（3）入库操作自动化程度不高，人工依赖性强。当进入仓库的物品种类繁多且集中包装时，需要人工清点、登记，远远不能满足快速、准确入库的需要。人工清点入库不但工作量大，而且十分复杂，非常容易出错。

在计算机互联网的基础上，物联网利用电子标签为每一物品赋予唯一的标志码（EPC码），从而构造一个实现全球物品信息实时共享的实物互联网。它的提出给产品入库时获取产品原始信息并自动生成入库清单提供了一种有效手段，而电子标签可以方便地实现自动化的产品识别和产品信息采集，这两者的有机结合使自动化的产品入库成为可能，从而将大大降低入库管理中人工干预的程度，提高产品入库的自动化和智能化水平。

入库管理就是对进入仓库的产品进行识别，并对产品进行分类、核对和登记，生成入库产品清单，记录产品的名称、分类、规格、入库时间、生产厂家、生产日期、数量等信息，并将这些信息更新到库存记录。这些工作准确性要求高、工作量大，人工作业强度和难度十分巨大。因此，迫切需要能自动识别产品的技术和方法，以减轻管理人员的工作量，提高工作效率。入库管理的关键在于对产品的识别和产品信息的采集，电子标签以其独特的优点成为产品自动识别的关键技术，而物联网则为产品信息共享和互通提供了一个高效、快捷的网络平台。物联网的自动入库管理系统的基本原理就是以电子标签作为产品识别和信息采集的技术纽带，通过在仓库出入口设置读写器对产品进行自动识别，同时通过物联网获取产品的详细信息从而自动生成入库清单，以达到自动化入库管理的目的。

（二）自动入库管理系统

基于物联网的自动入库管理系统主要由产品识别、入库管理、PML服务器和本地数据中心四大功能模块组成。

（1）产品识别。产品识别系统的核心是产品的编码和识别。在基于电子标签的入库管理系统采用EPC码作为产品的唯一标志码，EPC码是Auto-ID研究中心提出的应用于电子标签的编码规范，它使全球所有商品都具有唯一的标志，其最大特色就是可以进行单品识别。产品识别系统包括电子标签和读写器。每个产品都附有一个电子标签，电子标签内写有EPC码作为产品的唯一编码。在经过读写器的感应区域时，存储有EPC码的电子标签会自动被读写器捕获，从而实现自动化的产品识别和EPC信息采集。入库读写器设置在仓库入口，对进入仓库的产品进行自动识别，并将捕获的产品EPC码通过数据采集接口传送到入库管理模块作相应处理。

（2）入库管理。入库管理模块是系统的核心功能模块，它能通过数据采集接口、远程数据接口和本地数据接口三个接口同其他几个功能模块进行交互，从而实现产品自动入库管理的功能。入库管理的作业流程如下：产品入库时，由设置在仓库入口的入库读写器读取产品EPC码并通过数据采集接口交由入库管理模块，入库管理模块通过远程数据接口访问PML服务器以获取产品的详细信息，并自动生成产品入库清单，然后通过本地数据接口将入库产品信息更新到本地数据中心。一般来说，入库单具有如下信息结构：产品EPC码、产品名称、生产厂商、产品分类名、生产厂家、生产日期、有效期、入库时间等。在这一信息结构中，产品EPC码由入库读写器自动识别，同时记录产品的入库时间，而其他的产品信息则可以根据产品的EPC码通过访问PML服务器获取。整个入库清单的生成都是自动进行的，这不但提高了产品入库的自动化水平和智能化水平，而且确保了入库产品信息的准确性，为科学的库存管理与决策奠定了良好的基础。

（3）PML服务器。PML服务器是由产品生产商建立并维护的产品信息服务器，它以标准的XML为基础，提供产品的详细信息，如产品名称、产品分类、生产厂家、生产日期、产品说明等。PML服务器的作用在于提供自动生成产品入库清单所需的产品详细信息，并允许通过产品EPC码对产品信息进行查询。PML服务器架构在一个Web服务器上，服务处理程序将数据存储单元中的产品数据转换成标准的XML格式，并通过简单对象访问协议

（SOAP）引擎向客户端提供服务。PML服务器的优势在于它屏蔽了产品数据存储的异构性，以统一的格式和接口向客户端提供透明的产品信息服务。

（4）本地数据中心。本地数据中心是入库管理系统存储和维护本地库存的本地数据库，产品入库信息最终都通过本地数据接口存储在本地数据中心内，以便查询和核对。

基于物联网的自动入库管理系统围绕电子标签和物联网这两个核心，通过电子标签实现产品的自动识别，利用物联网获取产品原始信息并自动生成入库清单，从而为自动化的入库管理提供了一种行之有效的手段，不仅大大提高了产品入库管理的自动化和智能化水平，而且使入库管理的准确性更高，为科学的库存管理与决策奠定了良好的基础。

第二节 教育信息化技术应用

教育信息化是指在教育领域全面深入地运用现代化信息技术来促进教育改革和教育发展的过程。作为一个行业的信息化建设，教育信息化主要涉及以下六个方面：信息网络基础设施建设，教育信息资源建设，信息资源的利用与信息技术的应用，信息化人才的培养与培训，教育信息产业，信息化政策、法规和标准建设。其中，信息网络是基础，教育信息资源是核心，信息资源的利用与信息技术的应用是目的，而信息化人才、教育信息产业以及信息化政策、法规和标准是教育信息化的保障。

一、教育信息化特点

从教育层面上分析，教育信息化具有如下特点。

（一）教育信息组织非线性化

传统的教育信息（包括文字教材、声像教材等），组织结构都是线性的、有顺序的；而人类的思维、记忆却是网状结构，通过联想可自由选择不同的路径。所以，传统教育制约了人的智慧与潜能的调动，限制了自由联想能力的发挥，不利于创造能力的培养。多媒体技术能综合处理各种媒体信息（包括文本、图形、声音、图像等），且具有交互特性，特别是超媒体技术，它具有收集、存储和浏览离散信息，以及建立和表示信息之间关系的技术，为教育信息组织的非线性化创造了条件。

(二)教材多媒体化

教材多媒体化就是利用多媒体技术,特别是超媒体技术,建立教学内容的结构化、动态化、形象化的表达形式。已经有越来越多的教材和工具书多媒体化,它们不但包含文字和图形,还能呈现声音、动画、动态影像,以及模拟的三维景象。这些超媒体结构的"电子书"或电子学习材料生动、丰富,大大地调动了学习者的兴趣。

(三)信息传输网络化

对现代教育最有影响的技术趋势之一是信息传输网络化。网络是信息的高速公路,各种类型的计算机网络(如局域网、互联网等),使教学信息传递的形式、速度、距离、范围等发生了巨大的变化。利用互联网可将全世界的教育资源连成一个信息海洋,供广大学习者共享。信息传输网络化为网络教学、远程教学、虚拟实验室等新的教育模式奠定了基础。

(四)教学过程智能化

多媒体计算机系统与人工智能技术相结合,具有智能模拟教学过程的功能,学生可以通过人机对话,自主进行学习、复习、模拟实验和自我测试。计算机能根据学生的不同个性特点和需求给予帮助、指导、判定,实现教学过程的智能化。

(五)学习资源系列化

学习资源分人力资源和非人力资源,包括优化教学过程的物质条件、精神心理条件、审美条件等。其中,物质条件有硬件(包括各种现代教学设备、环境、系统、网络)和软件(包括整个现代教材体系)等。随着教育信息化程度的提高、现代教学环境系统工程的建立,现代教材体系也逐步成套化、系列化,使人们能根据不同条件、不同目的、不同阶段,有效地选用相应的学习资源,为教育社会化、终身化提供保障。

(六)教学环境虚拟化

教育环境虚拟化意味着教学活动可以在很大程度上脱离物理空间、时间的限制，这是电子网络化教育的重要特征。虚拟化的教育环境包括虚拟教室、虚拟实验室、虚拟校园、虚拟学社、虚拟图书馆等，由此带来的必然是虚拟教育。虚拟教育可分为校内模式和校外模式。校内模式是指利用局域网开展网上教育，校外模式是指利用广域网进行远程教育。在许多建设了校园网的学校，如果能够充分开发网络的虚拟教育功能，就可以做到虚拟教育与现实教育相结合，校内教育与校外教育贯通，这是未来信息化学校的发展方向。

二、教育信息化对教育发展的意义

教育信息化对教育发展具有极其深刻的意义，它表现在以下几个方面。

（一）实现教育现代化的重要步骤

教育信息化是教育现代化的重要内容，是实现教育现代化的重要步骤。没有教育的信息化，就不可能实现教育的现代化。教育信息化极大地促进了教育现代化的进程。

（二）有利于全体国民素质提高

教育信息化的实施、以现代信息技术建构的开放式远程教育网络的实现，改变了以学校教育为中心的教育体系，保障了每一国民接受教育的平等性。这种开放式的教育网络也为人们实现终身学习提供了保障。教育信息化为全体国民提供了更多接受教育的机会，教育信息化对全体国民素质的提高具有重要的意义。

（三）促进创新人才培养

教育信息化为素质教育、创新教育提供了环境、条件和保障。学生利用教育信息化的环境，通过检索信息、收集信息、处理信息、创造信息，实现学习的发现、问题的解决，实现知识的探索和发现，这对创新人才的培养具有重要的意义。

（四）促进教育理论发展

教育信息化是教育的一场重要变革，在这个过程中必将出现许多问题、许多现象需要我们去解决、去认识，这些问题的认识、解决将有效地推动教育理论的发展。教育信息化过程是信息科学和教育科学交叉融合，将孕育一门新兴的学科——教育信息科学。

（五）促进教育信息产业发展

教育信息化的过程是一种信息技术、信息机器在教育中广泛应用的过程，在这个过程中必将极大地推动教育信息产业的发展。全国有50多万所各级各类学校，在校生有几亿人，在这些学校全面地实施教育信息化，对我国的信息产业、对我国的经济发展孕育着一个极大的商机，提供了很大的发展机遇。

三、教育信息化对教育的影响

进入信息化发展阶段以后，教育不再是传统意义上的教育。无论在观念、模式，还是在对象、主体上都发生了变化。

（一）教学时空地域突破

在教育中，卫星通信的应用，以及全球性计算机网络的建成，真正突破了传统教育时空地域的限制。某地某大学教授可在一个有特殊设施的教室里，向远在世界各地的学生实时授课、提问、讨论问题；学生也可以在家中的多媒体终端上随时调看上课内容，请求指导。教学时空的突破，不仅拓宽了教学范围，还推进了教育的大众化、全球化、终身化。

（二）教学模式突破

教学模式是在一定的教学思想、教学理论和学习理论指导下，在某种环境下开展的教学活动进程的稳定结构形式。现代信息技术的应用，对传统的教育模式提出了挑战。

1. 教师和学生角色新定位

传统的课堂教学无法考虑学生认知的不同方式和个性差异。信息技术使教师的作用得到加强，因材施教成为现实。教师的角色由"讲授者"向"指导者"转变，由"独奏者"向"伴奏者"转变；学生由被动"接受者"向"学习主体"转变。教师给学生的学习带来生机和创造力，教师把注意力集中在解决问题而不是讲课上，对学生学习进行监控、评价，对学生进行情感教育和价值教育。

2. 教学过程变革

传统教学的逻辑分析、讲授过程变革为通过发现问题、探究问题、解决问题使学生获得知识和培养能力的过程；教学媒体由演示工具变革为认知工具。信息技术使学习成为一种大规模的各取所需过程。

3. 学习重心转变

学习的重心，由现在的学习知识内容转变为学会学习。

（三）教学组织形式突破

信息化教育突破了传统"班级授课制"这种单一的教学组织形式，实现了个别化教学、远程教学。计算机系统的网络化、多媒体化、智能化，使各种教学组织形式得到科学有机的配合，发挥总体功能。

（1）教育机构与其他机构职能界限模糊，如教育与娱乐之间、教育与工作之间等。

（2）教育可能不断从正式教育机构中分离出来，给受教育者提供了新的选择和途径。

（3）通信交流的方便廉价，将弱化若干专门教育机构与参与者之间的认同感。

（四）教育观念突破

1. 接受正式教育者年龄范围拓宽

由于知识和信息快速增加，各行各业对再教育与再培训有极大的需求。工作与休闲重新分配的变化、社会就业模式的更替，使得人们呼唤正式教育。21世纪伊始，有关教育部门就发出通知，放宽对大学入学年龄的限制。

2. 教学主体转变

传统教育以"教师为中心""书本为中心""课堂为中心"，信息化教学摒弃了"三个中心"论，树立以学生为主体、教师为主导的教育思想，使学生从被动接受知识转变为主动探索知识，在获取知识的同时，培养个人能力。

3. 学校概念转变

传统的学校，是限于围墙的学校。广播、电视教学已经突破了这一模式，网络教学、远程教学，更彻底改变了传统学校的概念，使学校成为开放、虚拟、社会化的学校。

4. 终身教育树立

传统教育，一般指传统的学校教育，从小学、中学到大学。至于"活到老、学到老"，那是指一种精神。现代社会，知识频繁更新，科学技术迅猛发展，要求人类不断地更新知识、学习新的东西，否则，就会落伍，甚至无法如愿生活，因为现代科学技术已经渗透到社会生活的每一个角落。"终身教育"在我国将成为21世纪的新风尚。

传统的计算机在教育中的应用主要表现在两大方面：一是以计算机为媒体进行教学——计算机辅助教学；二是利用计算机进行教育教学行政和资源等的管理。这两大方面构成了计算机辅助教育系统。随着多媒体的发展及在教育中的应用，计算机在教学中应用的范围拓宽，表现在四个方面：计算机辅助教学、计算机管理教学、计算机支持的学习资料和计算机辅助教育信息传播。

四、虚拟现实技术在教育中的应用

虚拟现实（virtual reality，VR）是由多媒体技术与仿真技术相结合而生成的一种交互式人工世界，在这个人工世界中可以创造一种身临其境的完全真实的感觉。要进入虚拟现实的环境通常需要戴上一个特殊的"头盔"（head-mounted display），它可以使穿戴者看到并感觉到计算机所生成的整个人工世界。为了和虚拟环境进行交互，还需要戴上一副数据"手套"——它使穿戴者不仅能感知而且能操作虚拟世界中的各种对象。

虚拟现实也称为人工环境（artificial environment）、人工合成环境（synthetic environment）、虚拟环境（virtual environment）。

由于设备昂贵，目前VR技术还主要应用于少数高难度的军事和医疗模拟训练以及一些研究部门，但是在教育与训练领域VR技术有不可替代的、非常令人鼓舞的应用前景，所以这一发展趋势也应引起教育专家学者的注意。近几年来，实现"虚拟现实"的理论方法也有很大发展。虚拟现实技术已在学科教学中得到应用。

（一）"虚拟伤病"和"仿真手术"

达特茅斯医学院开发的一种"交互式多媒体虚拟现实系统"，可以使医务工作者体验并学习如何对各种战地医疗的实际情况做出正确反应。利用该系统的实习者可以感受到由计算机仿真所产生的各种伤病员的危险症状，实习者可以从系统中选择某种操作规程对当前的伤病情况进行处理并可立即看到这种处理方式所产生的后果。为了使实习者获得更深刻的体验，系统还可仿真各种外科手术，其内容包括一般的手术直至复杂的人体器官替换。这种虚拟环境使医学院的大学生不必冒任何医疗事故的风险就可以反复实习病房中的各种实际操作，可以尝试选择不同的技术处理方案以检验自己的判断是否正确，可以进行某种手术技能的训练。

（二）虚拟物理实验室

物理学按照其本身的性质提出了许多"如果……将会怎样"的问题，这些问题最好通过直接观察物理作用力对各种客体的作用效果来进行探索。休斯顿大学和美国国家航空航天局（NASA）约翰逊航天中心的研究人员建造了一种称为"虚拟物理实验室"的系统，利用该系统可以直观地研究重力、惯性这类物理现象。使用该系统的学生可以做包括万有引力定律在内的各种实验，可以观察、控制由于改变重力的大小、方向所产生的种种物理现象，以及对加速度的影响。这样，学生就可以获得第一手的感性材料，从而达到对物理概念和物理定律的较深刻理解。

（三）虚拟分子运动结合系统

VR技术在化学教学中也取得了显著效果。北卡罗莱纳州立大学的科学家已经研制出一种可以让用户用手操纵分子运动的VR系统。用户戴上头盔并通过数据手套进行反馈控制，可以使分子按某种方式结合在一起。这种VR系统不仅在教学上有重要意义，而且在科学研究上有重大价值，例如，可直接观察到蛋白质的分子结构，因为按照某种新方式结合在一起的分子结构很有可能是治疗某种疾病的新药，或者是工业上所需要的某种特殊材料。

（四）快速虚拟QTVR系统

随着虚拟现实理论和方法的发展，在国外研究出一种全新的称作QTVR

（快速虚拟）的系统。这种系统已实际应用于学习城市的设计与规划，其优异的性能价格比令人惊叹。QTVR技术与普通VR技术在使用的仿真原理上有很大不同：它不是利用头盔和数据手套这类硬件来产生"幻觉"，而是使用360°全景摄影技术所拍摄的高质量图像来生成逼真的虚拟情景。因此，它允许用户在Windows操作系统或MacOS微机的操作系统支持下，在普通计算机上（无须用高档的图形工作站）只利用一只鼠标和一个键盘（无须戴头盔和数据手套）就能真实地感受到和VR技术中一样的虚拟情景。

学习城市设计与规划的学生利用QTVR系统可以创建一座逼真的虚拟城市，当学生改变城市场景的视图时（例如向左或向右，朝上看或朝下看，摄像机向目标移近或移远等），被观察的场景仍能正确保持并能使人产生环绕该城市浏览观光的真实"幻觉"。与此同时，城市中的各种物理实体（如建筑物、道路、桥梁、树木、交通工具和地形等），可以用鼠标任意拾取并进行操纵，例如使其旋转，以便从不同角度进行观察，并且还可以进入建筑物内部的各个房间去观看。

QTVR对于实际的城市设计与规划人员也是非常实用的，因为它可以使设计与规划人员随时改变城市的布局并立即感受到新布局所产生的效果，从而对设计或规划及时作出修改或补充。显然按照这种方式设计与按传统的图纸设计或按CAD设计，其效率和质量将有天壤之别。

QTVR开辟了多媒体技术与仿真技术结合的新途径，为虚拟现实技术的大众化铺平了道路。从此，VR技术将有可能走出高级研究院与大学的"象牙之塔"，以质优价廉的全新面貌逐步普及到各个教育领域，甚至进入中小学课堂。

五、多媒体CAI系统

多媒体CAI系统包括三部分：硬件系统、软件系统和课件系统。

（一）多媒体CAI硬件系统

多媒体计算机的主要硬件成分中除了常规的硬件（如主机、外存储器、显示器、网卡等）之外，还增添了音频信息处理硬件、视频信息处理硬件及光盘存储器等，下面分别作简要介绍。

1. 声音卡及声音I/O设备

声音卡（sound card），用于处理音频信息，它可以把话筒、唱机、电子乐器等输入的声音信息进行模数转换、压缩等处理，也可以把经过计算机处理的数字化的声音信号通过还原（或解压缩）、数模转换后用扬声器播放出来，或者用录音设备记录起来。

声音卡的另一功能是支持MIDI类型的电子乐器。它规定了使用数字编码来描述音乐乐谱的规范。使用MIDI规范的乐曲由声音卡上的大规模集成电路制成的音乐合成器转换成数字化声音信息，再经过数模转换后即可播放出曲子来。使用MIDI来描述乐曲所需信息量大为减少，1分钟的MIDI音乐仅约8 KB数据。

2. 视频卡及视频I/O设备

视频卡（video card）又称视霸卡，主要用来支持视频信号的输入与输出。这里所说的视频信号是指电视图像之类的活动图像信号。此类信号信息量极大，这样大的数据量，不但存储难以承受，而且给数据的传输与处理也带来许多困难。

视频卡的功能：逐帧捕捉图像并把图像数字化；对数字化的图像数据进行压缩与还原；将捕捉的图像或还原生成的图像与计算机生成的文字及图形叠加在一起送至显示器进行显示，将输出图像转换成广播级的模拟视频信号，供记录在录像带上或使用电视播放出来。

3. 音箱、显示器和打印机

多媒体课件的图像和声音质量较高，因此选用一套高性能的音箱、显示器和打印机是很重要的。用户可以通过这些设备清晰而便捷地欣赏到多媒体系统的视听效果。

4. 多媒体信息载体CD

CD（compact disc memory）光盘是一个直径为120 mm的盘片，光盘可分为几种：只读光盘、一次性写光盘（CD-R）和可擦写光盘（CD-RW）。对于只读光盘用户只能读取储存在光盘上的信息，光盘上的信息是用专门的刻录设备压制完成的，有关数据记录存储在不同长度的凹槽和不同长度的凸起上，其记录密度很大。CD的工作原理是利用聚集激光光束在存储介质上进行光学读写，高能量的激光光束可以聚集成光斑，因此它具有极高的存储容量，一张CD光盘可以存储650 MB的数据。因为，它具有很高的存储容量和极强的检索能力，所以是储存和运行多媒体信息的理想介质。

（二）多媒体CAI软件系统

CAI系统的软件是十分复杂的，为了协调其工作，提高硬件的工作效率，并且方便用户的使用、扩充计算机系统的功能，一般的计算机公司都提供各种各样的系统软件，通常包括操作系统、各种语言、编译程序、数据库管理系统、工具软件和一些实用程序等。

1. 操作系统（operating system）

操作系统的作用是监控和管理计算机系统的各硬件部分，使其协同工作，调节各程序的正确运行、管理用户文件等。

2. 计算机语言（programming language）

计算机语言是人们用来编写程序的语言，又称程序设计语言。人们用其编写各种程序，然后经过编译系统（compiler）或解释程序（interpreter）转化为硬件能理解的机器语言。

3. 数据库系统

数据库系统由数据库和数据库管理系统组成。数据库是按需要的结构和组织形式存储起来的大量数据的集合。数据库要建立数据模型，使用户可以根据模型访问数据库中的数据，如进行检索、插入、删除及修改等项工作。数据库和数据库管理系统成为CAI系统愈来愈重要的支持环境。特别是一些CAI系统愈来愈兼有教学管理、辅助测试等多种功能，使数据库的地位更加重要。

4. 多媒体创作工具

在制作多媒体课件时，需要利用各类工具进行媒体的创作生成与媒体的编辑合成。

多媒体创作工具实际上包括两个层次的含义：多媒体素材创作工具软件（multimedia creative software）和多媒体编辑合成软件（multimedia authoring software），这是两个不同的概念。前者称为多媒体素材编辑软件，解决的是各种媒体素材文字、图形、图像、声音、动画、活动视频等的产生和加工；后者的重点则在于将已有的媒体素材组织和编辑成为一个有机的整体，成为一个具备特定功能的应用软件。

5. 多媒体CAI课件系统

课件系统是指用于学科教学及各类教育的计算机软件、电子学习材料及多媒体素材库。本书不详介绍。

六、多媒体教学系统优点

与应用其他媒体的教学系统相比，多媒体教学系统具有以下优点。

（一）多重感官刺激

根据心理学研究，多重感官同时感知的学习效果要优于单一感官感知的学习效果。例如，视觉与听觉同时感知的信息要比单用视觉或单用听觉更全面、更深刻，也更有利于保持。

（二）传输信息量大、速度快

利用多媒体系统的声音与图像压缩技术可以在极短时间内传输、存储、提取或呈现大量的语音、图形、图像乃至动态画面信息，这是一般的计算机系统所难以达到的。

（三）信息传输质量高、应用范围广

由于多媒体系统各种媒体信息的存储与处理过程都是数字化的，因此多媒体教学系统可以高质量地实现原始图像与声音的再现、编辑和特效处理，使真实图像、原始声音、三维动画以及特效的一体化达到实用而完美的程度，从而使多媒体技术和产品可以应用于社会的各个领域，尤其是在教学、培训和娱乐等方面。

（四）使用方便、易于操作

这是广大用户乐于使用多媒体教学系统的一个重要原因。与传统的键盘输入操作相比，多媒体教学系统以鼠标、触摸屏、声音选择输入为主，辅以键盘输入，并有直观的操作提示，这就使不熟悉计算机的人也可以轻松自如地进行操作。

（五）交互性强

多媒体教学系统提供丰富的图形界面反馈信息，用户可以完全按照自己的意愿控制计算机的信息处理过程，从而能实现更为理想的人机交互作用。

利用多媒体所具有的全新的交互方式，研究人员已开发出大量的、传统教学系统所无法比拟的完美的多媒体教学系统。

第三节　水利工程建设信息化技术应用

水利信息技术包括水利信息生产、信息交换、信息传输、信息处理等技术。广义的水利信息活动包括信息的生产、传输、处理等直接的信息活动。首先，水利信息化为一个过程，即"向信息活动转化过程，向信息技术、信息产业的发展过程和信息基础设施的形成过程"；其次，水利信息化为信息活动能力所具备的一定水平，即水利信息活动的"质"和"量"；最后，水利信息化为水利信息活动能力发挥的效果，即为信息活动服务、为水利现代化建设服务的效果。现代信息技术的发展为水利工程管理信息化建设提供了强有力的支持。

一、GIS 在水利系统中的应用

地理信息系统（qergraphy information systems，GIS）是以地理空间数据库为基础，在计算机硬、软件环境的支持下，运用系统工程和信息科学的理论，科学管理和综合分析具有空间内涵的地理数据，以提供规划、管理、决策和研究所需信息的空间信息系统，对空间相关数据进行采集、管理、操作、分析、模拟和显示，并采用地理模型分析方法，适时提供多种空间和动态的地理信息，为地理研究、综合评价、管理、定量分析和决策服务而建立起来的一类计算机应用系统。

（一）GIS 在水利工程管理工作中的应用

水利工程建设与管理是一项信息量极大的工作，涉及水利工程前期工作审查审批状况、投资计划情况、建设进度动态管理、工程质量、位置地图检索、项目简介、照片、图纸等系列材料的存储、管理和分析，利用 GIS 技术可以把工程项目的建设与管理系统化，把水利工程建设情况进行实时记录，使工程动态变化能够及时反映给各级水行政主管部门。还可以对河道变化进行动态监测，预测河道发展趋势，可为水利规划、航道开发以及防灾减灾等提供依据，创造显著的经济效益。

在为可视化技术构建三维工程模型中，利用GIS技术使建筑物之间的空间位置关系与实地完全对应，而且任意点的空间三维坐标可以测量，是真实三维景观的再现，这项技术的应用将使工程的设计和模型建立等方面更加科学、准确。

（二）GIS水利工程管理应用效益

与传统的方法相比，应用地理信息系统之后，在完成各项任务方面显示出许多优越性。具体说来，可以概括如下。

（1）可以存储多种性质的数据，包括图形的、影像的、调查统计等，同时易于读取、确保安全。

（2）允许使用数学、逻辑方法，借助计算机指令编写各种程序，易于实现各种分析处理，系统具有判断能力和辅助决策能力。

（3）提供了多种造型能力，如覆盖分析、网络分析、地形分析，可以用来进行土地评价、土壤侵蚀估计、土地合理利用规划等模式研究，以及用来编制各种专题图、综合图等。

（4）数据库可以做到及时更新，确保实时性。用户在使用时具有安全感，保证不读漏数据，处理结果令人信服。

（5）易于改变比例尺和地图投影，易于进行坐标变换、平移或旋转、地图接边、制表和绘图等工作。

（6）在短时间内，可以反复检验结果，开展多种方案的比较，从而可以减少错误，确保质量，减少数据处理和图形化成本。

二、GPS系统在水利工程系统中的应用

全球定位系统（global positioning systems，GPS）是一种结合卫星及通信技术，利用导航卫星进行测时和测距，具有海陆空全方位实时三维导航与定位能力的新一代卫星导航与定位系统。系统由空间部分、地面控制部分和用户部分组成。

由于定位的高精度性，并具有全天候、连续性、速度快、费用低、方法灵活和操作简便等特点，因此在水利工程领域获得了极其广泛的应用。经过近10年我国测绘等部门的使用，全球定位系统以全天候、高精度、自动化、高效益等特点，成功地应用于大地测量、工程测量、航空摄影、运载工

具导航和管制、地壳运动测量、工程变形测量、资源勘察、地球动力学等多种学科，取得了良好的经济效益和社会效益。

1. 地形测绘

传统的地形测绘，基于测绘仪等基本测绘工具和测绘人员艰辛而繁重的工作，其实际效果常因测量工具误差、天气情况变化等诸多影响因素而难以令人满意。

特别是在水利工程中，相关的地形勘测是进一步设计论证的重要前提，但常常因地势地形因素，给实际工作带来相当大的麻烦。目前，一个较为先进的方法是采用航空测绘，即通过航空器材从空中摄影绘图，进而完成地形测绘，但此方法的显著缺点是大大增加了测绘成本，因此在实际工程中远未得到推广，GPS打开了解决该问题的新思路。

测绘的关键问题是找到特定区域的重要三维坐标——纬度、经度和海拔高度。而这三个数据均可直接从一部GPS信号接收机上直接读出。GPS测绘方法还具有成本低廉、操作方便、实用性强等优点，并且与计算机CAD测绘软件、数据库等技术相结合，可实现更高程度的自动测绘。

2. 截流施工

截流的工期一般都比较紧张，其中最难的是水下地形测量。水下地形复杂，作业条件差，水下地形资料的准确性对水利工程建设十分重要。在传统测量中使用人工采集数据，精度不高、测区范围有限、工作量大、时间上不能满足要求，而GPS技术能大大提高数据精度、测区范围等，保证施工生产的效率，保证顺利进行。利用静态测量系统进行施工控制测量，首先选点主要考虑控制点能方便施工放样，其次是精度问题，尽量构成等边三角形，不必考虑点和点之间的通视问题。另外，用实时差分法GPS测量系统可实施水下地形测量，系统自动采集水深和定位数据；采集完成后，利用后处理软件，可数字化成图。例如，在三峡工程二期围堰大江截流施工中，运用技术实施围堰控制测量，以及水下地形测量，并取得了成功。

3. 工程质量监测

水利设施的工程质量监测是水利建设及使用时必须贯彻实施的关键措施。传统的监管方法包括目测、测绘仪定位、激光聚焦扫描等，而基于GPS技术的质量监测是一种完全意义上的高科技监测方法。专门用于该功能的信号接收机，实际上为一微小的GPS信号接收芯片，将其置于相关工程设施待检测处，如水坝的表面、防洪堤坝的表面、山体岩壁的接缝处等，一旦出现微小的裂缝、开口，乃至过度的压力，相关的物理变化促使高精度信号接收芯片的记录信息发生变化，进而将问题反映出来。若将该套GPS监测系统与相关工程监测体系软件、报警系统相结合，即可实现更加严密而完善的工程质量监测。

三、遥感技术在水利系统中的应用

遥感（remote sensing，RS）技术是一门综合性的技术，它是利用一定的技术设备系统，在远离被测目标处，测量和记录这些目标的空间状态和物理特性。从广义上来讲，可以把一切非接触的检测和识别技术都归入遥感技术。例如，航空摄影及相片判读就是早期的遥感手段之一。现代空间技术光学和电子学的飞速发展，促进了遥感技术的迅速发展，拓宽了人们的视野，提高了应用水平。

1. 遥感技术在水利规划方面的运用

水利规划的基础是调查研究，遥感技术作为一种新的调查手段与传统的手段综合运用，能为现状调查及其变化预测提供有价值的资料。

现行水利规划现状调查主要依靠地形图资料及野外调查，如果地形图资料陈旧，则需要耗费大量人力、物力和时间重新测绘。卫星遥感资料具有周期短、现实性强的特点，北方受气候条件影响较小，很容易获得近期的卫星图像，即使在南方一般每年也可以得到几个较好的图像。根据卫星相片可以分析判断已有地形图的可利用程度，如果仅仅是增加了若干公路和建筑物，就可以只作相应的修测、补测或直接利用卫星相片作为地形图的替代品或补充。

水资源及水环境保护是水利规划的一项重要内容，可利用卫星遥感资料对水资源现状及其变化作出评价。首先，利用可见光和红外线波段的资料探测某些严重污染河段及其污染源，可见光探查煤矿开采和造纸厂排废造成的污染红外波段探查热废水排放造成的污染。其次，结合水质监测数据进行水环境容量评价，确定允许河道的水容量，再根据污染物的组成及含量测定值确定不同季节的允许排放量，利用卫星遥感资料及其处理技术，可以确定不同时期的水陆边界及水域面积，因而可以把地形测量工作简化为断面测量，从而节省工作量与经费。此项技术已在珠江三角洲河网地区及河口获得成功应用。

2. 遥感技术在水库工程方面的运用

水库工程是水利建设的一项重要内容，不论防洪、发电、灌溉、供水都离不开水库工程建设。水库工程论证一般包括问题识别、方案拟订、影响评价、方案论证等。论证的重点一般包括水库任务、工程安全、泥沙问题、库区淹没、生态环境评价、工程效益分析评价等，卫星遥感技术在水库淹没调查和移民安置规划方面，尤其具有应用价值和开发潜力。规划阶段的水库淹没损失研究一般利用小比例尺地形图作本底，比较粗略，且由于地形图的更新周期长，一般需要进行相当规模的现场调查进行补充修改。如果利用计算机分类统计等技术，可以显著提高工作效率和成果的宏观可靠性。在规划以后阶段的工作中，利用红外线或正影射航空照片制作正影射影像图进行水库淹没损失调查，避免了人为因素的干扰，使成果具有最高的权威性，已得到越来越广泛的使用。

3. 遥感技术在河口治理方面的运用

河口治理的目标一般是稳定河床和岸滩，顺利排洪、排涝、排沙，保护生态，改善水环境等。多河口的河流要求能合理分水分沙，通航河流还要求能稳定和改善航道，有效治理拦门沙，这就需要大量的、全面的与区域性的包括水域和陆地，水上和水下地形、地质、地貌、水文、泥沙、水质、环境及社会经济调查工作，而卫星遥感技术可为自然和社会经济调查提供大量信息。

河口卫星遥感的基本手段是以悬浮泥作为直接或间接标志。通常选择合适的波段进行图像复合，经过计算机和光学图像处理和增强，突出浮泥沙信息，抑制背景信息和其他次要信息，以获得某一水情下的泥沙和水的动力信息。经过处理的图像上悬浮泥沙显得非常清晰、直观、真实，通过研究河流的悬浮泥沙与滩涂现状、演变、发展，为治理河口提供比较真实的资料。

四、水利信息数据仓库在水利信息化管理中的应用

水利信息数据仓库在水利信息化管理中的应用，主要体现在以下七个方面。

（一）水利工程基础数据仓库

水利工程基础数据仓库的数据包括以下几个方面。

（1）河道概况。河道特征、河道断面及冲淤情况、桥梁等。

（2）水沙概况。水沙特征值、较大洪水特征值、水位统计及洪水位比较、控制站设计水位流量关系等。

（3）堤防工程。堤防长度、堤防标准、堤防作用、堤防横断面、加固情况、涵闸虹吸穿堤建筑物、险点隐患、护堤坝工程等。

（4）河道整治工程。干流险工—控导工程状况、支流险工—控导工程状况、工程靠溜情况、险情抢险等。

（5）分滞洪工程。特性指标、水位面积容积、堤防、分洪退水技术指标、滞洪区经济状况、淹没损失估算、运用情况等。

（6）水库工程。枢纽工程、水库特征、主要技术指标、泄流能力、水位库容及淹没情况等。

（二）水质基础数据仓库

在整编基础上，完成数据库表结构的设计，逐步形成包括基本监测、自动监测和移动监测等水质数据内容的水环境基础数据仓库，开发数据库接口程序和账务软件，为水资源优化配置、水资源监督管理、水资源规划和科学研究提供水环境基础信息服务。

（三）水土保持数据仓库

规范数据格式，完成数据库表结构设计，逐步建立包括自然地理、社会经济、土壤侵蚀、水土保持监测、水土流失防治等信息的水土保持数据仓库。

（四）地图数据仓库

采用地理信息系统基础软件平台，对数字地形图进行数据入库，建立地图数据仓库。要求地图数据仓库具有各种比例尺地形图之间图形无缝拼接、图幅漫游、分层、分要素显示、输出等GIS基本功能。

（五）地形地貌数字高程模型

利用地形图地貌要素或采用全数字摄影测量的方法，生成区域数字高程模型，直观表示地形地貌特征，并利用DEM进行各种分析计算，如冲淤量计算、工程量计算、库容计算、断面生成以及洪水风险模拟、严密范围分析等。

（六）地物、地貌数字正影射影像

对重点区城、重点河段进行航空摄影成像，采用全数字摄影测量系统，编制数字正影射影像图，清晰、直观地表示各种地物、地貌要素。

（七）遥感影像和测量资料数据仓库

收集卫星遥感影像，编制区域遥感影像地图，并建立遥感影像数据仓库，根据不同时期的遥感影像，反映全区域治理开发成果，实现对本地区的动态监测。测量资料数据仓库包括各等级控制点、GPS点、水准点资料，标示出点名、点号、等级、坐标、高程及施测单位、施测日期等。

五、虚拟现实技术应用

虚拟现实技术是利用计算机技术生成逼真的三维虚拟环境。虚拟现实技术最重要的特点就是"逼真感"与"交互性"。虚拟现实技术可以创造形形色色的人造现实环境，其形象逼真，令人有身临其境的感觉，并且与虚拟的环境可进行交互作用。现在虚拟现实技术在水利信息化建设中的应用日渐广泛，其应用场景如下。

（1）构建水利工程的三维虚拟模型，如大坝、堤防、水闸等三维虚拟模型，实现了水利工程三维空间实景。

（2）洪水流动和淹没的三维动态模拟，实现了三维空间场景中的洪水演进动画过程，三维场景中洪水淹没情况的虚拟展示。

（3）水利工程规划中枢纽布置三维虚拟模型，包括大坝、泄洪洞、发电厂、变电站等，为工程规划提供直观三维视觉效果场景。

（4）云层和降雨效果渲染三维虚拟模型，模拟云层流动、降雨过程等动态效果。

（5）土石坝、碾压混凝土坝等地区坝料开采、运输、摊铺、填筑碾压及施工进度和形象的虚拟展示。

（6）防渗体系（如防渗墙、防渗帷幕、灌浆）效果检验及三维动态模拟效果场景。

（7）安全监测布设、效应量三维虚拟模拟、三维场景演化的虚拟展示等。

第四节　图书馆信息化技术应用

一、数字信息化对图书馆管理工作的影响

随着网络技术的发展，以网络化、数字化为特征的信息变革推动了图书馆发展的进程。高速的信息传递、高密度的信息存储、高效的信息查询都在改变人们处理信息的方式，这同时使信息服务的模式及服务的效率发生了翻天覆地的变化。

信息技术对图书馆管理工作的影响主要表现在以下几个方面。

（一）对图书馆工作效率的影响

首先，由于信息技术的出现，传统的速度较慢、效率较低的邮购和征订书目采购方式已渐渐被网络采购所取代，采购人员可以通过网络查找供应商发送的书目销售信息选择图书馆和读者所需要的书籍和信息，这表明信息技术能够提高图书馆采购工作的效率。

其次，在以前，图书馆的分类编目方法是通过人工对文献信息进行整理，这种方式效率十分低下。如今，在信息技术的存在下，图书馆可采用网络编目的方法对图书馆的各种信息进行分类编目，这大大降低了馆员的工作量，也提高了图书馆分类编目的工作效率。

最后，传统的借阅方式是读者自行到图书馆查阅卡片，然后进行书刊和文献的借阅。在现代信息技术下，图书馆的图书文献信息都被储存于图书馆的服务器上，读者能够利用图书馆内设置的查询系统检索所需要的文献，这为读者提供了图书馆详细的信息，避免出现读者到达图书馆后发现所需期刊书目已被借阅的情况，大大提高了图书馆读者借阅的效率。

以上各个方面都表明信息技术对图书馆的工作效率具有十分重要的作用，它的出现方便了采购人员、编目人员和读者，节省了他们的时间，保证更有效地完成工作。

（二）对图书馆部门组织的影响

过去图书馆以阅览流通部门、采编部门、行政后勤部门为主要组成，信息时代图书馆的组织架构是以信息处理部门、信息技术部门、信息服务部门和行政后勤部门组成。如果一个图书馆实现了自动化的管理和大量利用网络的信息资源时，信息技术部门和信息处理部门在图书馆中的作用就十分重要了，形成完整的以计算机系统运行为中心的行政管理模式。

（三）信息技术对图书馆管理人员的影响

信息技术的发展必然会对图书馆传统的服务理念和服务体系产生影响，过去馆员只要求完成任务，对其文化素质、技术水平的要求并不十分苛刻，但是，由于信息技术的出现，对馆员的知识水平、服务技能和管理能力就十分看重。因此，必须加强馆员业务、工作技能的学习，提高其自身的综合素质、专业知识、计算机操作水平，力求达到人和机器相互协调，为读者提供更加优质高效的服务，提高图书馆整体的服务水平。

（四）信息技术对读者服务工作的影响

传统图书馆在信息服务上基本是读者到馆阅读、查阅，文献传递的方式单一和范围十分单调。而数字图书馆的出现使读者不再受图书馆位置、馆藏量和开放时间的影响，他们可以在任何地方、任何时间通过互联网获得所需要的信息和服务，这使各个专业、各个阶层和各个地方具有阅读能力的群体都能浏览文献。同时，过去图书馆服务水平处于十分低级的状态，基本上只能满足读者日常借阅服务，提供一般性的打印、口头咨询服务。而信息技术彻底改变了落后的服务方式，可根据读者的需求，对网上信息进行加工整序，深层次开发，强化信息咨询功能，进行图书馆的深度利用指导。

（五）重新组织图书馆的文献资料

重新组织图书馆的文献资料。重点从以下三个方面着手：①更新图书馆管理者和工作人员的观念，有效利用网络数据库的空间，构建全球性的文献资料数据库。②依据图书馆图书文献收集的实际情况，修订文献资料的收集政策。明确图书馆中纸质文献与电子文献收集的比例。③适当增加图书馆电子文献收集的经费，有计划地增加电子文献的馆藏比例。

目前，图书馆引进最多的技术设备是计算机与网络、光盘、缩微技术，多媒体技术。计算机在图书馆管理与服务过程中居主导地位，其信息量大，信息检索迅速、准确，尤其是网络的发展与应用使信息资源的整理与检索、信息资源的开发和利用等方面得到了快速发展。

同时，为读者充分享用图书馆信息资源带来了极大的便利。缩微技术应用在图书馆既保持了图书的信息内涵，大大缩小了图书的体积，节省了信息存储空间，又因为存储标准统一，便于保管、传递及提供利用。光盘技术的应用还能够实现信息快速检索及全文图像存储，从而方便了用户自动化检索、网络化利用。

在图书馆应用中，多媒体技术不仅能对图书馆资料进行原文信息管理，而且可对声音、图像等图书资料进行全面综合管理，为用户查找图片、图像、声音、文字等信息提供了技术和信息资源方面的保证。正是信息技术在图书馆领域的快速应用，才使基于网络的图书馆信息服务得到了很大的发展。

二、图书馆信息检索技术应用

图书馆信息化是指图书馆在信息的采集存储、加工制作、传递利用等各项工作中，应用计算机、网络、多媒体等现代信息处理技术等手段，对图书馆进行全方位、多角度的改造，以实现信息资源的深度开发和普遍共享，为用户提供优质、高效的服务，最终实现一定的社会效益和经济效益。

随着网络应用的不断普及，网络已经成为人们获取信息的重要场所。在对新的检索工具和检索技术进行探索和研究的过程中，应克服当下网络信息检索带来的困难，加强对不同需求进行信息搜集和发送的智能化服务。

检索，有时也称搜索。检索是指从文献资料、网络信息等信息集合中查找到自己需要的信息或资料的过程。为了进行检索，通常需要对资料进行索引。传统文献资料需要提取题名、作者、出版年、主题词等作为索引，而在网络时代，计算机可以对全文进行索引，即文中每一个词都能成为检索点。

（一）传统文献检索

传统文献检索经常使用的工具是索引卡片，即将文献资料的信息记录在索引卡片上。

索引卡片上一般会记载文献的题名、作者、主题词、摘要等信息。在查找文献资料时，先要查找索引，找到其馆藏位置，然后索取资料。

（二）网络检索

在网络时代，人们无时无刻不进行着检索。在网络上进行检索主要有两种方式：目录浏览和使用搜索引擎。

目录浏览的方式即搜索引擎采用的方式，用户可以根据自己的需要点击目录，深入下一层子目录，从而找到自己需要的信息。这种方式便于查找某一类的信息集合，但是精确定位的能力不强。

搜索引擎是目前最为常用的一种网络检索工具。用户只需要提交自己的需求，搜索引擎就能返回大量结果。这些结果按照与检索提问的相关性进行排序。

在当今这个信息科技发展迅速的年代，传统的信息检索已经不经常被人使用。所以此处主要讲一下网络检索。

1. 网络检索特点

网络信息检索一般指因特网检索，是通过网络接口软件，用户可以在一个终端查询各地上网的信息资源。这一类检索系统都是基于互联网的分布式特点开发和应用的，即数据分布式存储，大量的数据可以分散存储在不同的服务器上；用户分布式检索，任何地方的终端用户都可以访问存储数据；数据分布式处理，任何数据都可以在网上的任何地方进行处理。

网络信息检索与联机信息检索最根本的不同在于网络信息检索是基于客户机/服务器的网络支撑环境的，客户机和服务器是同等关系，而联机检索系统的主机和用户终端是主从关系。在客户机/服务器模式下，一个服务器可以被多个用户访问，一个用户也可以访问多个服务器。因特网就是该系统的典型，网上的主机既可以作为用户的主机里的信息，又可以作为信息源被其他终端访问。

2. 网络环境下信息检索特点

众多的图书无序放在一起，如果从书堆里选一本我们需要的书本是很困难的，想必大家都有所体会。数字化图书馆拥有自己独特的方便快捷的检索搜查系统，让你体会众里寻他千百度的感觉。在众多书本中也可以让你很简单地找到所需要的图书。这就是数字化图书馆的检索服务。

（1）数据量巨大。在网络环境下，信息检索的数据量大得惊人。大数据量会导致一些难以预料的软件异常，流量也会难以控制，对各个环节的策略和算法选择将会更加复杂。

（2）多用户服务。① 多用户模式的信息检索服务必须注重快速反应，注重对并发访问的支持，对公共数据的共享，对临时工作数据的清理等。如果要针对不同用户开展不同服务，就要获取并管理不同用户的个性化需求，使大量的信息通过不同的渠道，主动送到用户的手上。② 用户层次复杂，网络环境下信息检索服务的用户中，大多数都不是专业用户，他们的层次区别较难，拥有不同的操作技能和操作知识，面对这些非专业的用户，将更加需要人性化的引导式信息服务。

3. 智能化信息检索含义

智能化信息检索是在信息检索的基础上提出来的，它是以用户为中心的信息检索技术，为不同用户提供个性化的服务，并满足同一用户在不同时期的需求，通过收集和分析用户信息来学习用户的兴趣和行为，并综合利用学习到的这些用户信息，提高信息检索系统的性能，满足用户的个体信息需求。在具体实现过程中主要通过观察和分析用户的搜索行为，从中识别用户对信息需求的偏好，并且能够根据用户对搜索结果的评价，自觉地调整搜索策略，满足不同的检索请求，不同用户都能够得到最贴近自己需要的信息服务。

4. 信息检索服务主体技术

网络信息检索通常采用搜索引擎技术，该技术是为了解决"信息迷航"问题而提出的。在互联网上，它通过相应的算法搜索相关信息，并对信息进行组织和处理，从而为用户提供信息导航。

现阶段，网络搜索引擎有很多，用户比较常用的有 Google、有道、百度等，这些搜索引擎能进行网络信息检索、信息过滤、提供个性化信息服务定制等比较有特色的服务，但是并没有实现真正意义上的智能化检索。在实际使用过程中，用户想要的不仅是有用的信息，他们更希望做信息消费的主人，使信息的搜索可以在一个相对主动的环境中进行。

5. 智能信息索引相关技术

要实现真正意义上的以自我为中心的检索服务就需要以下的相关技术进行支撑。

（1）智能代理技术。智能代理又可以称为智能体，它是在用户没有明确具体要求的情况下，根据用户需要，代替用户进行各种复杂的工作，如信息检索、筛选及整理，并能推测用户的意图，自动制订、调整和执行工作计划。

首先，智能代理要建立个性化的数据库，在数据库中建立用户基本信息表（包括用户编号、用户名、姓名、年龄、性别等字段）、用户职业信息表（包括职业编号、职业类型、等级、职称等字段）和用户兴趣信息表（包括兴趣编号、兴趣类别、程度等字段），用来详细描述用户的个人情况，其中第一个字段可以设置成关键字。

其次，建立用户检索策略表（包括策略编号、策略控制、检索词控制、检索时间控制、检索范围控制等字段）和用户检索评价表（包括检索编号、检索时间、检索词、检索结果数量、查全率、查准率等字段），同样的，第一个字段设置成关键字。检索策略表主要是给用户模型的检索定义一个比较完整的检索策略，检索评价表主要是对用户检索的满意度作一个简单的评价描述。

有了用户个性化数据库，一方面，在服务器端吸收智能代理技术的思想，引入个性化服务的理念和用户反馈机制来完善检索机制、提高检索命中率，同时可提供面向个人的特殊检索服务。另一方面，信息检索用于智能代理主要集成在客户端，配合用户兴趣完成搜索，它会对用户信息需求、偏好进行区别、归纳、总结，分析用户的兴趣爱好，并借助学习的规则，自动、独立地代理用户查找用户感兴趣的信息。

（2）用户兴趣挖掘技术。实现信息检索服务最重要的就是对用户的喜好和习惯进行分析，目前，通常使用的有两种方法：其一是通过用户主动提供自己的兴趣来得到用户的个性化向量；其二是在用户没有明确参与的情况下，系统通过观察用户行为来得到用户的兴趣，从而得到用户的个性化向量。使用第一种方法，可以选择下面两种方式：一是用户将自己感兴趣的信息分类或在线文档分类后提供给系统，系统从这些文档或信息中发现用户的兴趣；二是用户提供自己的研究方向和其他阅读爱好等信息，系统从这些信息中发现用户的兴趣。但是，由于用户的兴趣并不是一成不变的，而用户一般不可能提供所有的兴趣以及感兴趣的程度，因此还需要使用第一种方式进行补充。

智能化信息检索技术现在已经成为一个被广泛研究的领域，它需要多种技术支持，目前虽取得一些成绩，但是道路还很漫长，真正实现信息搜索的智能化服务，还有待代理技术的智能性、主动性、自主性等得到进一步的提高。

参考文献

[1] 汤晓伶. MPLS 与 DiffServ 结合模型下的队列调度研究[J]. 通信技术，2010(8):41-42.

[2] 何泾. 基于 QoS 的 3G 网络系统设计与研究[J]. 通信技术，2010(8):51-53.

[3] 王晓宇，余治良，李原草，等. 高速光通信相干接收系统中偏振模色散均衡算法的分析与优化[J]. 数字通信，2012(2):37-40.

[4] 崔炜，李桂英.《数字信号处理》课堂教学质量的提高[J]. 数字通信，2011(6):83-85.

[5] 李蛟. 商务信息化管理：电子商务[M]. 北京：北京邮电大学出版社，2011.

[6] 胡立君. 商务信息化技术应用[M]. 海口：南海出版公司，2007.

[7] 周菁. 电子政务信息化管理[M]. 北京：研究出版社，2010.

[8] 李建华，年飞龙，朱波，等. 政务信息化技术与应用[M]. 合肥：安徽大学出版社，2002.

[9] 颜新祥. 政务信息化实用技术基础[M]. 重庆：重庆大学出版社，2002.

[10] 杨军. 图书馆信息化建设与智库服务研究[M]. 北京：北京工业大学出版社，2021.

[11] 刘淑玲，李梅英. 图书馆信息化的建设与应用[M]. 沈阳：沈阳出版社，2012.

[12] 周欣娟，陈臣. 图书馆信息化建设[M]. 成都：电子科技大学出版社，2008.

[13] 陈能华. 图书馆信息化建设[M]. 北京：高等教育出版社，2004.

[14] 勒普顿. 数字社会学[M]. 王明玉，译. 上海：上海人民出版社，2022.